樂 府

·

心里滿了，就从口中溢出

风 · 落 · 之 · 光

ECM唱片的视觉语言

[挪威] 拉斯 · 缪勒 编著　　张璐诗 译

北京联合出版公司
Beijing United Publishing Co.,Ltd

假如海中无浪，去掀起海面又卷回海中；假如海浪尚未淹没地平线，却恰好足以摇撼大地；假如大海无耳听海，无目凝眸海之恒久；假如海中无盐亦无沫，它只是太阳底下一片无根的死灰。它便只是枝丫间一潭死去的海，不见阳光。它只能是矿井之海，爆炸时带着沉重的记忆恫吓世间。然而果实呢，果实会长成什么样？然而人呢，人会变成什么样？

——埃德蒙·雅贝斯《问题之书》

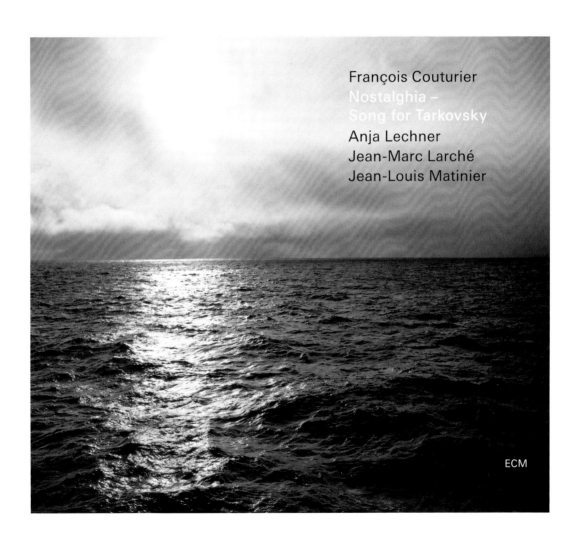

François Couturier
Nostalghia –
Song for Tarkovsky
Anja Lechner
Jean-Marc Larché
Jean-Louis Matinier

ECM

摄影：Christoph Egger
ECM 1979

Kim Kashkashian
摄影：Petra Goldmann

Kim Kashkashian
Neharót
Betty Olivero
Tigran Mansurian
Eitan Steinberg

ECM NEW SERIES

摄影：Jan Kricke
ECM新系列 2065

LITANIA
Music of Krzysztof Komeda
Tomasz Stanko Septet

ECM

摄影：Jim Bengston
ECM 1636

摄影：Vladimír Jedlička
ECM新系列 1776

Thomas Zehetmair   Eugène Ysaÿe   Sonates pour violon solo

ECM NEW SERIES

摄影：Thomas Philios
ECM新系列 1835

摄影：Sascha Kleis
ECM新系列 1955

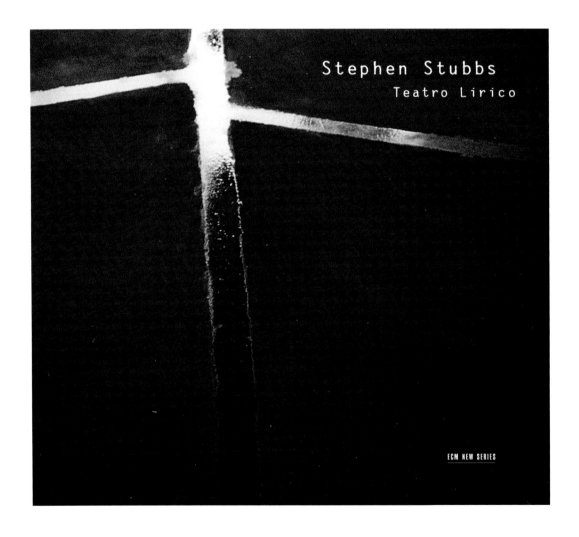

Stephen Stubbs
Teatro Lirico

ECM NEW SERIES

绘画：Jan Jedlička
ECM新系列 1893

摄影：Jan Jedlička >

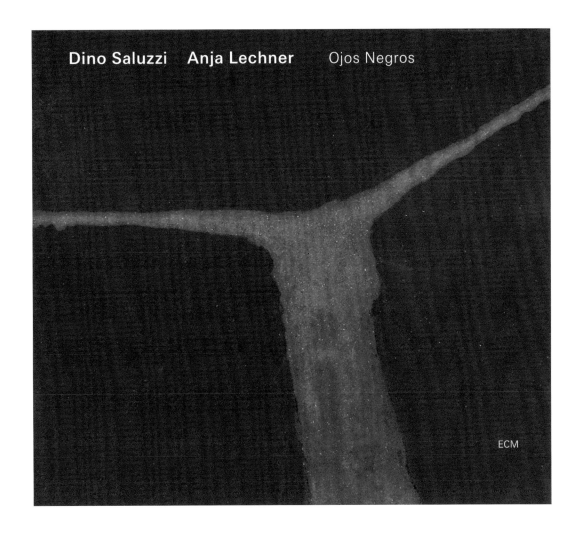

Dino Saluzzi   Anja Lechner   Ojos Negros

ECM

绘画：Jan Jedlička
ECM 1991

<　Anja Lechner 与 Dino Saluzzi
摄影：Juan Hitters

摄影：Péter Nádas
ECM新系列 1806/07

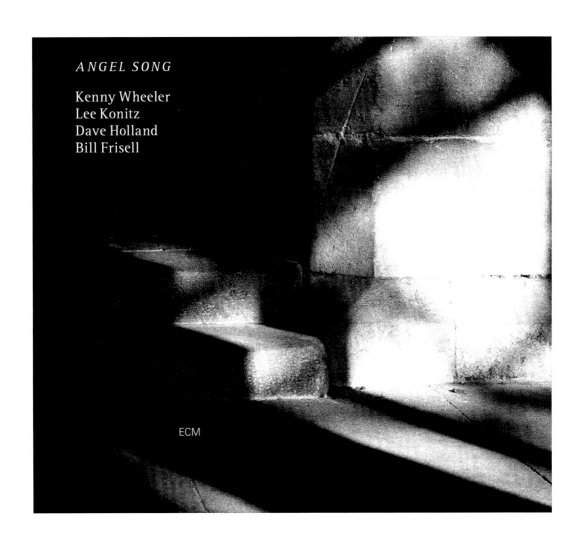

ANGEL SONG

Kenny Wheeler
Lee Konitz
Dave Holland
Bill Frisell

ECM

摄影：Daniela Nowitzki
ECM 1607

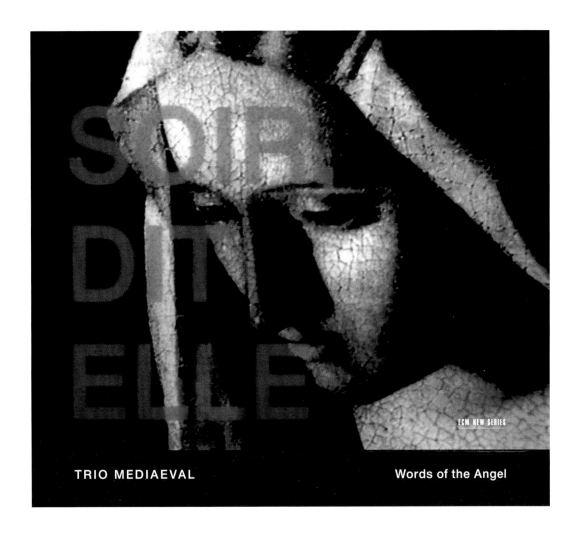

TRIO MEDIAEVAL   Words of the Angel

出自：Jean-Luc Godard《电影史》
ECM新系列 1753

Kim Kashkashian
H a y r e n

Music of Komitas
and Tigran Mansurian

ECM NEW SERIES

Robyn Schulkowsky

摄影：Muriel Olesen
ECM新系列 1754

暮色降临时

托马斯·施泰因费尔德

关于纬度 60 之外的生活，一位英国诗人说过脍炙人口的话："'北方'的意思就等同于一个'拒'字。"这是 W. H. 奥登 1936 年在冰岛度过一个夏季后写下的。这口吻不由分说的"拒"字，在这里有广泛的用意：打发走，拒绝，略过。不论是哪种含义，都包含了一种自醒的、心意已决的孤独感。在都市消费主义和田园情趣这些最普通的生活理想的另一面，这种孤独感与一片贫瘠荒芜、冷若冰霜的大地相承。内心没有温暖，身体感受不到阳光，取而代之的是淅沥冷雨洒遍萧瑟寒街；看不见凉棚下长桌旁的快乐人群，只有孑孓独影；缺乏豁然开朗的明亮视野，天地充满了暮色和困惑。尽管如此，决绝的"北方"却再次成为吸引人的意象，甚至远远超越无比舒适的"南方"，就像是只有"北方"能为世俗带来救赎。

迄今为止，曼弗雷德·艾歇尔（Manfred Eicher）的公司 ECM 已经出版了超过一千种唱片。唱片之间除了贯穿着相通的音乐风格，在封面艺术创作上也体现出相似的视觉观念。从 1969 年、1970 年发行的第一批唱片开始，制作概念就一直如是，尽管其中的主题和色调各不相同。即便是英国低音贝斯演奏家大卫·霍兰德（Dave Holland）录制的某些专辑，封面上没有图像只有字母：这些字母看起来写法现代，但字体并没有像一个个小屋檐那样的衬线；它们不需要加粗边或放大底部边线，每一个字母独当一面，并不需要别的支撑。而很多早期的封面已经出现了风景与大地的照片，也许并不都在欧洲北部取景，但这些地点看上去全都很接近北欧的模样：比方说，挪威萨克斯管演奏家杨·葛柏瑞克（Jan Garbarek）的专辑《十二个月亮》（*Twelve Moons*，1993）封面上的沼泽地。捷克唱片修复工作者和摄影师扬·耶德利奇卡（Jan Jedlička）是在托斯卡纳西部海边的低洼沼泽里找到的灵感，但也许是受到了蓝灰色暮光的启发，想象中立即浮现的是人迹罕至的北方地区。再如，恩里科·拉瓦（Enrico Rava）和迪诺·萨鲁兹（Dino Saluzzi）五重奏的专辑《回》（*Volver*，1988，摄影：Werner Hannappel）封面上云雾笼罩的山峦。没有一幅画面拘泥于狭隘的字面意义。也没有一幅图片只是充当音乐或音乐家的点缀。它们不会假装去诠释作品，甚至画面本身也不容许诠释。这些画面与音乐相伴，作为独立的艺术作品而存在，取景之地与呈现方式也经常出人意料。每一幅图片都不受其潜在含义的约束，带着梦幻特质，从无中生有，一出生就与粗俗及其孪生形态形成对抗。没有一幅作品透着成就与骄傲，或是取悦听众的刻意。无所诲，人亦不受惑。这些画面全都在有品格地表达着一个"拒"字。

多年来，在被曼弗雷德·艾歇尔用作 ECM 唱片封面的许多图片中，有很多水面的元素：在基思·贾勒特（Keith Jarrett）欧洲四重奏的第一张专辑《归属》（*Belonging*，1974）中，四个气球漂在水面上。这张照片是日本摄影师内藤忠行（Tadayuki Naito）拍的。杨·葛柏瑞克的唱片《Dis》（1977）的封面上，点点浪花奔向海岸，而水面倒影如镜。与曼弗雷德·艾歇尔多次合作的法国摄影师让-居伊·拉图里耶（Jean-Guy Lathuilière），捕捉到一幅月升海面的照片，并将其用到了专辑《神秘》（*Misterioso*，

2006）的封面上。在这张专辑中，阿列克谢·鲁比莫夫（Alexei Lubimov）、亚历山大·特罗什钦斯基（Alexander Trostiansky）和基里尔·雷巴科夫（Kyrill Rybakov）演绎了瓦连京·西尔韦斯特罗夫（Valentin Silvestrov）、阿沃·帕特（Arvo Pärt）和加琳娜·乌斯特沃尔斯卡娅（Galina Ustvolskaya）的作品。拉图里耶还给挪威人托德·古斯塔夫森（Tord Gustavsen）的三重奏专辑《人在彼处》（*Being There*，2007）拍过封面。这张照片显然是在快速行驶的船上拍的。海水、泡沫和一小束余晖的倒影全都躺在沉厚的灰云之下，水面似在眼前却难以触及。正是这种形而上的水性使 ECM 的唱片封面如此难以抗拒：它在不停变幻，颜色、形状都在变，但并非因外物而变，即使是季节也不能使它改变。它能堆积成为庞然大物，却也能将自身粉碎成无限细小的部分：形成波浪，有凹有凸，长如丝线，弯圆如锥，涨退有时，浮着泡沫的波峰冲过来时次次如新，次次不同；最终，它洗刷过山岩、卵石和沙滩。假如你从低处观察海水，它似乎变成了一面表面坚硬并且闪闪发光的镜子。但你不能踩在上面，因为它根本无形。它的结构、高低、线条与形状，在不断的流动中变化。盯着海水看，人几乎能被催眠，看海时，人很容易陷入一种轻微的、接近冥想的狂喜之中，而时间终止。

　　ECM 创办 40 多年以来，一大批摄影师和画家为唱片封面的艺术创作提供了素材。不少图片十分形象化，但也有许多画面呈现了抽象结构。视觉总监几经变更，从芭芭拉（Barbara）、布克哈特·沃基尔什（Burkhart Wojirsch）到迪特尔·雷姆（Dieter Rehm），再到现在的萨沙·克莱斯（Sascha Kleis）。很自然，如果我们将

ECM 不同年份的唱片混在一起，也很容易看出封面艺术风格的变化：比如，20 世纪 80 年代初，原来通常以纯白地面为背景的多色平面就被放弃了——弗朗哥·冯塔纳（Franco Fontana）为基思·贾勒特 1977 年的唱片《楼梯》(*Staircase*) 和《沙砾》(*Sand*) 所拍的照片，也许最能够代表这一时期的封面艺术风格。当然，封面也折射了唱片向 CD 格式过渡的变迁，比如：如海报般的制作不再被容许。不过这也有可能是审美方向整体在变化。但封面上只有字母的设计是一个例外。后来，到了 20 世纪 90 年代初期，封面上的图像元素越来越少，这在 ECM 的记谱音乐"新系列"唱片中尤为明显。常常，瞬息间仿佛不完美的一瞥，一个极简动作，几行线，一个姿态，却需要支撑起大部头的作品——比如安德拉斯·席夫（András Schiff）所录制的《路德维希·凡·贝多芬钢琴奏鸣曲集》（2005—2008），由扬·耶德利奇卡绘制的油墨画，呈现的是一张弓或几条窄线，明显是对激情与弦乐抒情的决绝抗拒。这样的作品趋向于表达张力，不求诠释，但求片刻停顿，一个挥之不去的瞬间。一次又一次，我们在唱片封面上看到的是充满古典美的照片，其中大多数都是单色的黑白照。彼得·纳达斯（Péter Nádas）在某个早春透过东柏林一扇窗户看见的景色，出现在由尤利亚妮·班泽（Juliane Banse）和安德拉什·凯勒（András Keller）录制的捷尔吉·库塔格（György Kurtàg）作品专辑《卡夫卡碎片》(*Kafka Fragments*，2006) 的封面上。这幅图片就属于此类。另一个例子是芭芭拉·克雷姆（Barbara Klemm）拍摄的云，用在了卡洛琳·维德曼（Carolin Widmann）录制的《罗伯特·舒曼小提琴奏鸣曲》（2008）专辑中。

在这些图片中，从来不容许旁观者形象插足。水面没有倒映他人的凝视，云彩不管不顾地不停流动。早期的 ECM 封面上［如肯尼·惠勒（Kenny Wheeler）的专辑《Gnu High》，1976］曾出现过原生植物，但在人们有可能注意到之前它们老早就存在了。即使这些图片里面能看到人，他们也似乎完全处于自顾自的状态。这些人服从着一种意义完全隐藏的设定，使得看照片的观众不会关注他们。观看这些图片不存在视角上的呼应，图片中的事物并不主动激发观点。每一幅图片都是独立存在的，也许是照相机的瞄准对象，但绝非供人反思之物。几乎从第一日起，ECM 封面艺术给许多人留下深刻而隽久的印象，就是凭其独立、铸像一般的外观。"约诚"，或许有人这样称呼这种表现方式，如果是，那肯定是"不说'你应该'，而只说'这里有'"的约诚。每一幅图画都像是寂静世界中的一个章节，每一处主题的出现都像是对普遍尘俗平地而起的申诉，而每一样吸引住视线的事物，仿佛十年或百年后依然会在原地。

很多在 ECM 唱片内页中出现的照片，都像是镜头跟随着出其不意的动作而为，且不会为这些行动的目的提供线索。又或者，这些照片看上去像是摄影师还在调节光圈，因此拍摄对象并不清晰，一片模糊，并带着漫射边缘。这一点同样可以作为对抗（主观）视角之用，否决观看者按各自所需而得出观点的做法。ECM 的封面作品中图片模糊不清的名单很长：阿尔特·兰德（Art Lande）和杨·葛柏瑞克录制的唱片《红兰塔》（*Red Lanta*，1974），摄影师是弗里德·格林德勒（Frieder Grindler），照片上是春天的草地；相似的是加里·伯顿（Gary Burton）五重奏的专辑《梦境逼真》（*Dreams so Real*，Rainer Kiedrowski 摄影，1976）封面上冬天里的树。这两张照片都是在快门按下的同时纵向晃动了相机。而在恩里科·拉瓦的专辑《塔提》（*Tati*，2005）中，让－居伊·拉图里耶在一辆快速行驶的车上拍下了一幅城市即景——边开车边拍照，这刚好也是 ECM 封面作品当前的一个基本主题。在乔恩·哈塞尔（Jon Hassell）的专辑《昨夜月亮把衣裳扔到了街上》（*Last Night the Moon Came Dropping Its Clothes*，Gérald Minkoff 摄影，2009）的封面上，我们看到的是海边山岩嶙峋的景色，观者就像刚刚睁开睡梦中的双眼，尚不知身在何处，今夕何年，来此为何。

时不时地，我们会看到 ECM 唱片封面上出现街道或道路。但这些道路似乎并不通往任何地方。在帕特·麦锡尼乐队（the Pat Metheny Group）的《出离》（*Offramp*，1981）专辑中，格尔德·温纳（Gerd Winner）在插图中画了一条刻着"向左"字样的沥青路。但我们能看到的只有这条路，到底它通向哪个方向，没有任何指示。在特吕格弗·塞姆（Trygve Seim）和弗罗德·拉提尼（Frode Haltli）的专辑《耶拉兹》（*Yeraz*，Thomas Wunsch 摄影，2007）中，透过挡风板拍摄的道路消失在黑暗之中。即便是杨·葛柏瑞克的专辑《地点》（*Places*，Klaus Knaup 摄影，1977）中的乡村小路，在山间蜿蜒而去，却也似乎不知所向。没有出发，没有终点，只是身处其中，仅此而已。观众看到的当然还是一条路，但这条路是抽象的，纯粹是几何图形。这些图片更接近马约·布赫尔（Mayo Bucher）[曼弗雷德·艾歇尔与他经常合作，如基思·贾勒特的专辑《斯卡拉》（*La Scala*），1997] 的绘画风格，而并非平常意义的风景照。

虽然不太常见，有时候我们也能在 ECM 唱片封面上看到音乐家或乐团里某一位乐手的肖像。令人不禁好奇：这是个意外呢，还是一种致敬？是特殊情况下的决定，还是某种奉献呢？但无论如何，拍摄这些肖像的焦距都很相似，与风景或抽象画的审美标准也一样高。《拉博德努贝》（ *Rabo de Nube*，Dorothy Darr 摄影，2008）封面上的查理斯·劳埃德（Charles Lloyd）四重奏，既呈现了一幅乐队的独立肖像，也突出了一个爵士乐团的结构。《轻松生活》（ *Easy Living*，Roberto Masotti 摄影，2003）的封面上，夕阳照亮了意大利小号演奏家恩里科·拉瓦的脸，这不仅是一幅人物特写肖像，还点出了他那闲云野鹤一般的沉静泰然。在《善良的人》（ *Nice Guys*，Isio Saba 摄影，1979）的封面上，即使拍的是芝加哥艺术乐团围坐在露天咖啡桌旁，有人聊天，有人看报，也是某种象征——人们看到的是风趣、酷，以及毫不装腔作势。在这些私人照片里，我们偶尔还能找到 ECM 主脑曼弗雷德·艾歇尔的身影。《第三人》（ *The Third Man*，Rüdiger Scheidges 摄影，2008）是恩里科·拉瓦和钢琴家斯蒂凡诺·波拉尼（Stefano Bollani）合作的专辑。封面上，小号手托着腮靠钢琴站着，而在画面的左下方，接近琴凳下面，一双黑色皮鞋冒了出来，它的主人正是曼弗雷德·艾歇尔。而在美国音乐家保罗·布雷（Paul Bley）的专辑《月河上的独奏》（ *Solo in Mondsee*，Roberto Masotti 摄影，2007）的封套上，他整个人都出现了：曼弗雷德·艾歇尔背着包走在栈道上，因为背光，他的身影几乎难以辨认——朝着北方，朝着苍白的光线、冷酷的气候走去，人影几乎消散。

Officium

Jan Garbarek
The Hilliard Ensemble

ECM NEW SERIES

摄影：Roberto Masotti
ECM新系列 1525

ECM

摄影：Jean-Guy Lathuilière
ECM 1921

J.S. Bach
Die Kunst der Fuge
Keller Quartett

ECM NEW SERIES

摄影：Gérald Minkoff
ECM新系列 1652

Johann Sebastian Bach   M o t e t t e n   The Hilliard Ensemble

ECM NEW SERIES

摄影：Gérald Minkoff
ECM新系列 1875

Sofienberg Variations
Christian Wallumrød Ensemble

ECM

摄影：Thomas Wunsch
ECM 1809

摄影：Muriel Olesen >

出自：Jean-Luc Godard《电影史》
ECM新系列 1778

Münchener Kammerorchester   Alexander Liebreich
Joseph Haydn   Isang Yun

Farewell

ECM NEW SERIES

摄影：Manos Chatzikonstanzis
ECM新系列 2029

A Year From Easter

Christian Wallumrød Ensemble

ECM

摄影：Thomas Wunsch
ECM 1901

Heiner Goebbels   **Ensemble Modern**   **Josef Bierbichler**

Eislermaterial

ECM NEW SERIES

摄影：Gérald Minkoff
ECM新系列 1779

Karl Amadeus Hartmann
Béla Bartók

Zehetmair Quartett

ECM NEW SERIES

摄影：Gérald Minkoff
ECM新系列 1727

Anouar Brahem Trio
Astrakan café

ECM

摄影：Gérald Minkoff
ECM 1718

Anouar Brahem   Le pas du chat noir

John Abercrombie
Open Land

ECM

摄影：Gérald Minkoff
ECM 1683

Norma Winstone   Distances   Glauco Venier   Klaus Gesing

ECM

出自：Jean-Luc Godard《爱的挽歌》
ECM 2028

Kayhan Kalhor   The Wind   Erdal Erzincan

摄影：Ara Güler
ECM 1981

摄影：Sarah van Ouwekerk
ECM新系列 1197

< Meredith Monk
摄影：Scott Schafer

Louis Sclavis   **L'imparfait des langues**   ECM

摄影：Gérald Minkoff
ECM 1954

Elliott Carter
What Next?
Paul Griffiths   **Peter Eötvös**

ECM NEW SERIES

摄影：Gérald Minkoff
ECM新系列 1817

Igor Stravinsky
ORCHESTRAL WORKS
Stuttgarter Kammerorchester
Dennis Russell Davies

ECM NEW SERIES

摄影：Gérald Minkoff
ECM新系列 1826

Paul Motian Band   Garden of Eden   ECM

摄影：Jean-Guy Lathuilière
ECM 1917

Enrico Rava
Stefano Bollani

The Third Man

ECM

摄影：Rüdiger Scheidges
ECM 2020

< Enrico Rava
摄影：Rüdiger Scheidges

Stefano Bollani 和 Enrico Rava
摄影：Rüdiger Scheidges

Manfred Eicher, Stefano Bollani
和 Enrico Rava
摄影：Rüdiger Scheidges

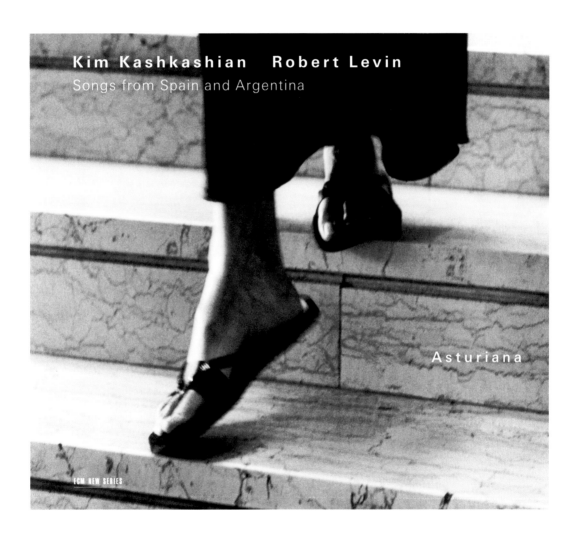

Kim Kashkashian Robert Levin
Songs from Spain and Argentina

Asturiana

ECM NEW SERIES

出自：Jean-Luc Godard《爱的挽歌》
ECM新系列 1975

Jean-Luc Godard
摄影：Richard Dumas

JEAN-LUC GODARD
NOUVELLE VAGUE

ECM NEW SERIES

设计：Birgit Binner
ECM新系列 1600/01

出自：Jean-Luc Godard《新浪潮》

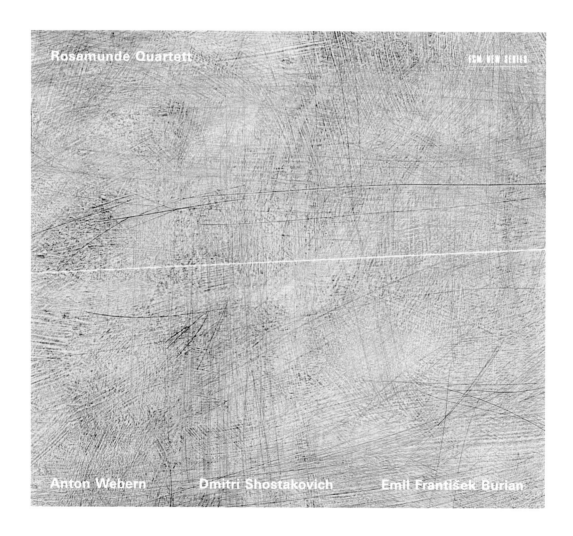

Rosamunde Quartett

ECM NEW SERIES

Anton Webern   Dmitri Shostakovich   Emil František Burian

绘画：Mayo Bucher
ECM新系列 1629

绘画：Mayo Bucher
ECM新系列 1767

Morimur   The Hilliard Ensemble   Christoph Poppen
J. S. Bach

ECM NEW SERIES

出自：Jean-Luc Godard《电影史》
ECM新系列 1765

Manfred Eicher
摄影：Roberto Masotti ＞

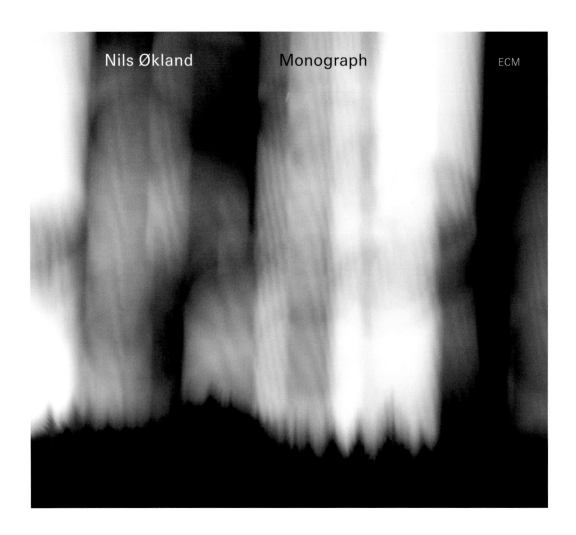

Nils Økland Monograph ECM

摄影：Jan Kricke
ECM 2069

NIK BÄRTSCH'S RONIN   HOLON

ECM

摄影：Thomas Wunsch
ECM 2049

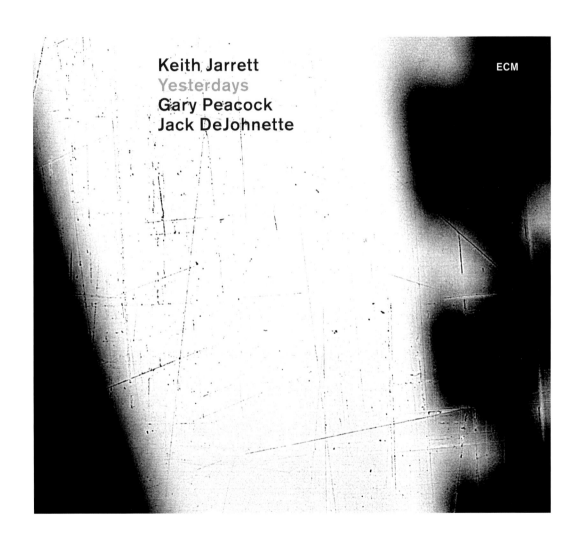

Keith Jarrett
Yesterdays
Gary Peacock
Jack DeJohnette

ECM

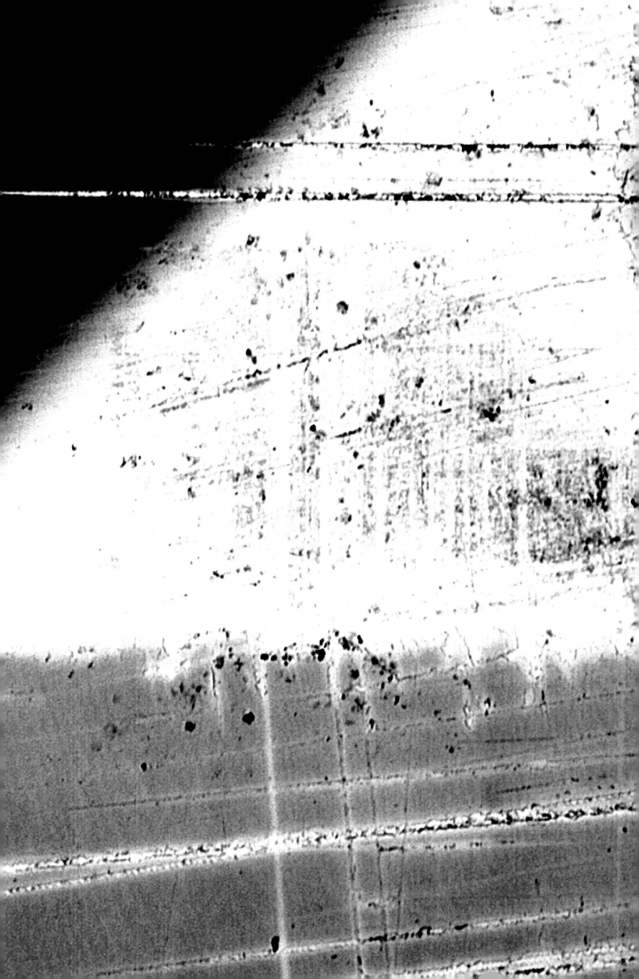

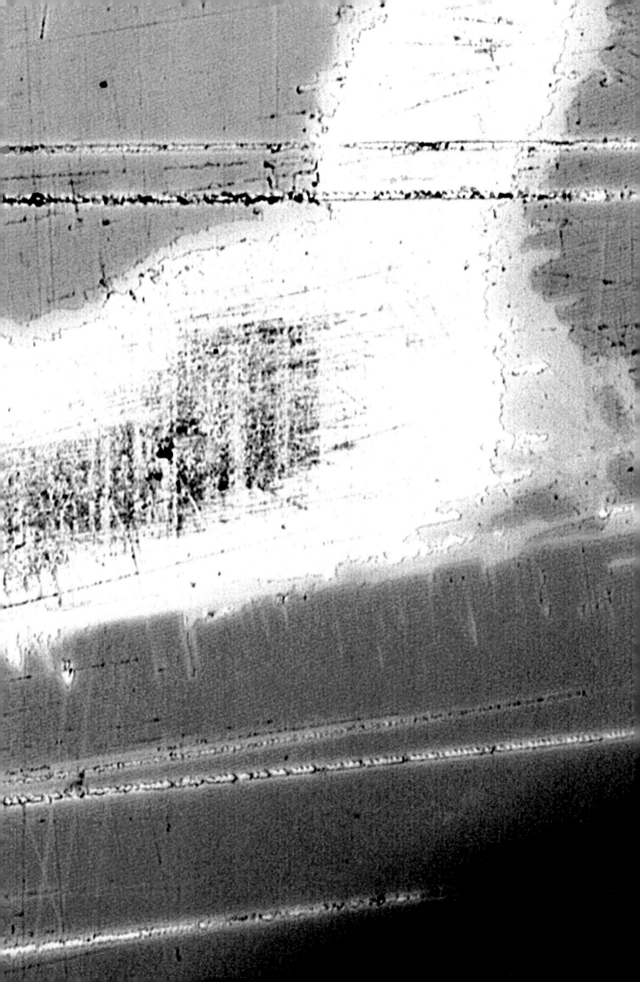

Friedrich Cerha   Franz Schreker

ECM NEW SERIES

Heinrich Schiff, violoncello
Netherlands Radio Chamber Orchestra, Peter Eötvös

摄影：Jan Jedlička
ECM新系列 1887

The Hilliard Ensemble
Thomas Tallis   Christopher Tye   John Sheppard
A U D I V I   V O C E M

ECM NEW SERIES

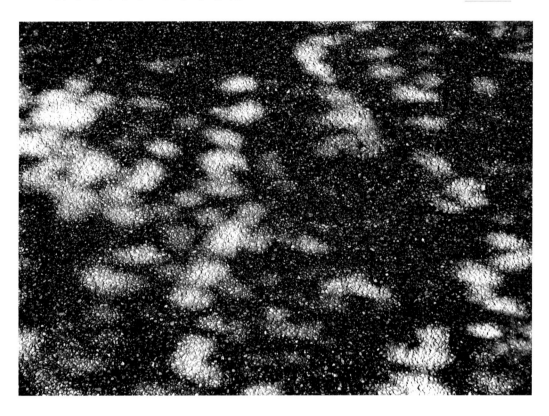

摄影：Eberhard Ross
ECM新系列 1936

Garth Knox D'Amore **Agnès Vesterman**

Tobias Hume Marin Marais Attilio Ariosti Roland Moser
Klaus Huber Garth Knox

ECM NEW SERIES

摄影：Eberhard Ross
ECM新系列 1925

VAGHISSIMO RITRATTO

Gianluigi Trovesi　　　**Umberto Petrin**　　　**Fulvio Maras**

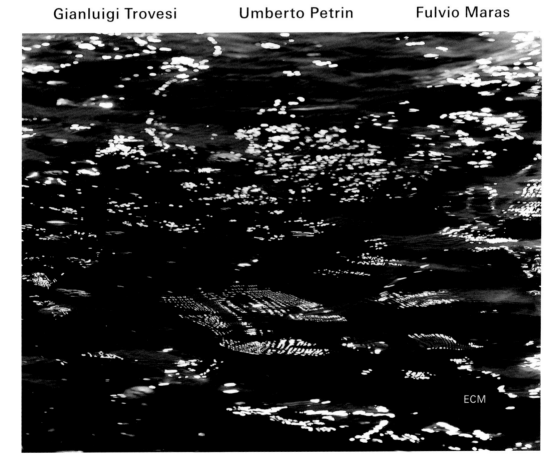

ECM

摄影：Peter Neusser
ECM 1983

Giacinto Scelsi

Frances-Marie Uitti
Münchener Kammerorchester   Christoph Poppen

ECM NEW SERIES

Natura Renovatur

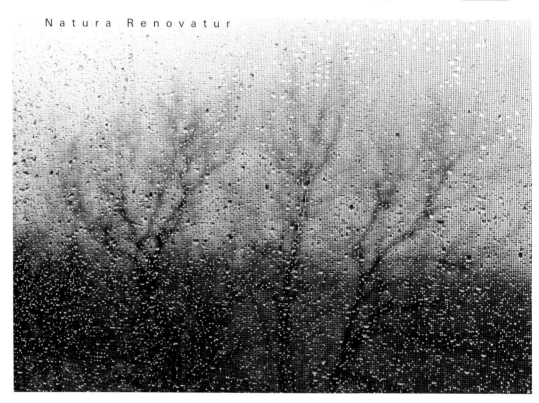

摄影：Peter Neusser
ECM新系列 1963

Heinz Holliger

R O M A N C E N D R E S

Clara Schumann

ECM NEW SERIES

摄影：Gérald Minkoff
ECM新系列 2055

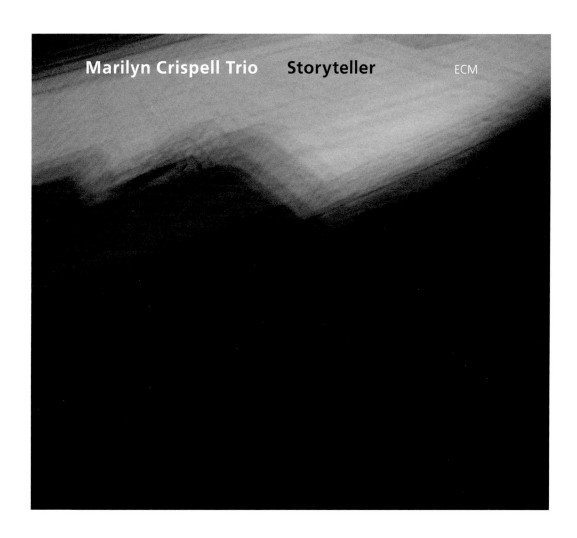

Marilyn Crispell Trio   Storyteller   ECM

摄影：Sascha Kleis
ECM 1847

< Manfred Eicher
摄影：Cheryl Koralik

ARS POETICA
TIGRAN MANSURIAN

ECM NEW SERIES

摄影：Ruben Mangasaryan
ECM新系列 1895

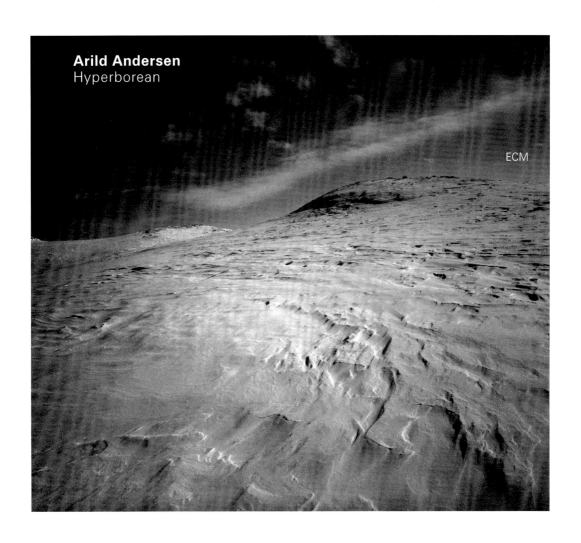

Arild Andersen
Hyperborean

ECM

摄影：Jim Bengston
ECM 1631

Dino Saluzzi Group Juan Condori

ECM

撮影：Juan Hitters
ECM 1978

JOSEPH HAYDN
THE SEVEN WORDS   ROSAMUNDE QUARTETT

ECM NEW SERIES

摄影：Erik Steffensen
ECM新系列 1756

Kim Kashkashian

Luciano Berio

V O C I

ECM NEW SERIES

出自：Jean-Luc Godard《电影史》
ECM新系列 1735

摄影：Giuseppe Leone

Kim Kashkashian   Johannes Brahms
Robert Levin   Sonaten für Viola und Klavier

ECM NEW SERIES

摄影：Roberto Masotti   < Kim Kashkashian 与 Robert Levin
ECM新系列 1630   摄影：Roberto Masotti

撮影：Roberto Masotti

Stefano Bollani

Piano Solo

ECM

摄影：Thomas Wunsch
ECM 1964

Julia Hülsmann Trio   The End of a Summer

ECM

摄影：Wilfried Krüger
ECM 2079

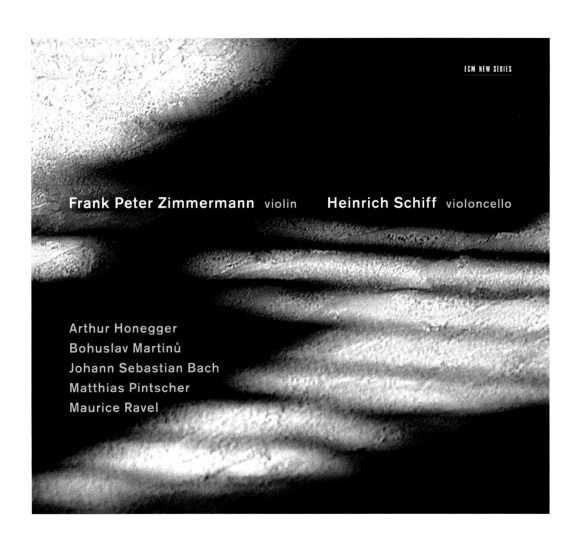

Frank Peter Zimmermann violin   Heinrich Schiff violoncello

Arthur Honegger
Bohuslav Martinů
Johann Sebastian Bach
Matthias Pintscher
Maurice Ravel

ECM NEW SERIES

摄影：Thomas Wunsch
ECM新系列 1912

J.S. Bach
Das Wohltemperierte Klavier
Till Fellner

ECM NEW SERIES

摄影：Roberto Masotti
ECM新系列 1853/54

< 摄影：Roberto Masotti

Till Fellner
摄影：Roberto Masotti

ECM

Ralph Towner   Paolo Fresu   Chiaroscuro

摄影：Thomas Wunsch
ECM 2085

Gurdjieff
Tsabropoulos

Chants, Hymns and Dances

Anja Lechner
Vassilis Tsabropoulos

绘画：Jan Jedlička
ECM新系列 1888

Anja Lechner 与 Vassilis Tsapropoulos
摄影：Roberto Masotti

Stefano Battaglia   Re: Pasolini

ECM

出自：Pier Paolo Pasolini《马太福音》
ECM 1998/99

超媒介影像记

卡塔琳娜·艾普莱西特

　　当我看着 ECM 专辑封面的艺术作品时，首先想到的是极其庞大的拼图，由各种并列比照的主题动机组成，有些近，有些远。在这里，影像、文字、音乐、电影、摄影和印刷显然都是源头一致的独特审美表达，我姑且将 ECM 的封面称为"超媒介影像"。形成这种审美影响的过程超越了个体艺术或媒介的边界，与我眼中米歇尔·福柯（Michel Foucault，1926—1984）的"契合"（convenientia）观念相呼应："这个词表达对地点的相邻性比其相似性更强烈。那些事物彼此足够接近以并列比照，因而'契合'；它们的边缘彼此接触，它们的纹理彼此混合，一者的末端意味着另一者的起点。这样一来，动作、影响、情感及属性彼此都得到沟通。"[1]

　　ECM 依赖对不同感官世界的解读，这在曼弗雷德·艾歇尔引用的克莱尔沃的圣伯纳德（Saint Bernard of Clairvaux，1090—1153）的话里可见一斑，这段话也不啻成为厂牌的座右铭："你希望看见，聆听；听见就是向视觉迈近了一步。"[2] 这种辩证法轻易克服了听觉或视觉的束缚。就像在克莱尔沃，在世界范围内多种文化与各个时期都可以找到感官感受的方式，以下随机举的例子就可以证明。比如，艺术史学者戈特弗里德·伯姆（Gottfried Boehm）将视觉功能看作是洞察力之门，并提出眼睛如何获得视像的问题。伯姆得出结论："……注视是观看这一行动的结果……这种初始的活动一向被称为想象力。无论如何我们都应感激'观看'变为'注视'，从而使我们有可能置身于事物之中。康德将想象力定义为中间媒介，因此它便是人们获取视角的基础；它是感性和理性的根基，目光与智识得以拓宽空间……如此一来，图像的起源应当通过我们的内心之目，由我们的灵魂去索求。"[3] 与此形成对照，古代中国的学者和僧人子璇（965—1038），毕生致力于为佛经做注释，他（在《楞严经》中）得出"依音声而证耳根圆通"之论。对子璇而言，该结论来自观世音菩萨之形象：观音的"观"，就包含了"观照"与"纵任"之意。简单说来，所谓的"二十五种圆通大法"在观音这里合为一体。汉学家赫尔曼－约瑟夫·胡里克（Hermann-Josef Röllicke）在对子璇的文章做了详尽研究后记录道："'观音'这个名字的智慧与任运自在，即余下二十四种圆通修行的合体。观音是'天下菩萨罗汉'和'合一'的象征。然而，观音能够如此是因为获得了这种耳根圆通法门，修证而得无上大道。"子璇写道，"观世音菩萨：耳门圆照三昧，初于闻中，入流亡所。返闻闻自性，耳根圆通。"[4]

之前我曾提及 ECM 极具辨识度的封面艺术使用的是"超媒介"的图像语言。但仅仅说图像与字体设计是解读音乐的视觉手段并不充分，所有的唱片封面都可以这么说。ECM 封面艺术的过人之处是其对无法预料的意义转换之极其精湛的处理方式，从而赋予其一种不断变更的形而上的内容。彼此不相近的、不那么显而易见的内容突显出来，成为注意力的聚焦点。以这种方式来看，艺术作品成了不歇止的超媒介变形的表达载体。在《寻觅食物》（*In cerca di cibo*，2000）的封面上，荒芜、贫瘠的土地刺激着我们的内心要用意义去填补画面的中心，同时思索在一旁吠叫的狗象征着什么。《阿斯图利雅：西班牙和阿根廷的歌谣》(*Asturiana:Songs from Spain and Argentina*, 2007)封面上那双轻触地面的脚，呈现出一幅节制的画面，似乎在提醒人们生活与艺术都该得到应有的尊重。而在《义务》(*Officium*, 1994)和《死亡》(*Morimur*, 2001)的封面上，青铜与岩石雕刻的人像仿佛活了过来，就像是有灵魂的人。小伙子的头偏向簌簌作响的树叶，美丽的姑娘那沉思中的凝视，都栩栩如生得像是对真人的抓拍。在绝对的静默中，浓缩的意义被扬弃，却将不可阻挡地进入永恒。这种"永恒"的意图在《回复：帕索里尼》(*Re:Pasolini*, 2007)封面的圣经场景中也能捕捉得到。圣女玛利亚浑身上下所有的仁慈都倾注在她手中的婴儿身上，唯独那只驴耳朵在不经意间，条件反射式地捕捉到了每一种声响。这种本能的对于动物的视角不偏不倚，我想不起还有哪张图片曾如此感人地升华了母性的专注，对纯粹的聆听做出如此的隐喻。

　　浏览过 ECM 唱片封面上多元化的主题之后，显而易见，先行于声音的图像总是与音乐之间保持着相得益彰的关系。视觉上的选择是对音乐个性与特质的呼应。在这里，侵入式的浮夸设计严重格格不入。封面上图像的选择扮演着一个基本角色：它将与音乐相互交织时所激发的联想视觉化，并将其传递到内心之眼。不过，如前所述，所有的图像更像是散落四处的拼图，而不应理解为是对音乐本身直接的回应。这些如丝线缠绕般包裹着音乐的视觉图像，轻盈地漂浮于音乐之上。

　　最近，我偶然翻看自己多年前在印度艺术史学者布里金德·N. 哥斯瓦米（Brijinder N. Goswamy）的演讲上做的笔记时才意识到，提及 ECM 时，不可绕过"冥想"这个元素。哥斯瓦米教授曾讲到，有一位瑜伽修行者无论走到哪儿都要背着像鹿皮一样的瑜伽垫，他随时想练习了，便找一个安静的地方，摊开垫子。如果我没记错的话，瑜伽垫象征着卷起来的时间，当冥想者随心所欲地使用它时，它就成了线性时间之外的东西。当瑜伽修行者放松而专注地坐着时，时间与空间就成为可以扩展的时空。此后，当修行者卷起垫子，他又重新进入了一般意义上的生命流动之中。曼弗雷德·艾歇尔似乎也曾描绘过与此相类似的经验："在时间中停泊，音乐开启新空间。在音乐自身的时间里面，似乎包含了一切不可言说的神秘。"[5] 因此，那些包装考究的银色碟片就成了我们轻盈便携的陪伴，贯穿一生，驱使着我们随时思考，随时停顿片刻。

　　曼弗雷德·艾歇尔少言寡语，但他有着禅佛修行者那般强大的心灵互通能力，超越一切僵化的信条。有一回曼弗雷德·艾歇尔令我吃了一惊，因为他打断了我对一张新 CD 过分复杂的印象阐述，就问了简单的一句："你喜欢吗？"他似乎只关心我对音乐接受与否。土壤究竟有多肥沃，表面上看根本不重要。没有沉迷于文采润饰的必要，也无须去证明乐评的专业素养。与此恰恰相反，只要是真实坦率，光秃秃的直觉似乎也就足够了。这种自信和毫无压迫感的特质，为每一位个体都留出了进入自如的通道，同时也不失对内外动静的敏感。尽管罕见，这种内心态度其实早为禅佛修行者熟稔："问题的答案，在静默中获得，正是静默本身。这种拒绝并非抗拒与提问者之间的交流；相反，提问者也被引入到相互的经验之道中去。"[6] 除了宁静的特质和音乐的浓度以外，克制的封面艺术对于整体的专注感也起到了关键的作用。

尽管惊鸿一瞥也基本能分辨出 ECM 厂牌的专辑，但要统一给唱片的共同特性做出定义却并非易事——当然，除了那个低调印刷的厂牌标志。但也正是这种模棱两可的特性，某种不明朗，将人们的注意力从眼睛转移到聆听上去。色彩的简约使用，制造张力的图像细节，流动而瞬息万变的元素（水、云、闪电），或意料之外的主题如人脸，甚至是由忽然爆发的色彩和书法所营造出的韵律感，都存在于一个整体的原则之内。之所以存在"原则"，正是由于范围无法划定，因而难以复制。多元图像世界折射出音乐的包罗万象。

在克制与专注上，阿沃·帕特大多数作品的封面比别人更进一步。图像是没有的。手写字体或其他特殊的插图元素也基本缺席。这几乎就像曼弗雷德·艾歇尔找不到足够诚恳或完美的图片能包装唱片封套之内的纯粹。不约而同，阿沃·帕特也找不到足够的词汇去描述自己与曼弗雷德·艾歇尔深深相通的艺术感觉——"我不知道怎么去描述。"[7] 曼弗雷德·艾歇尔似乎不愿勉为其难地自行选择一种画面风格，将自己的视觉趣味强加于友人的艺术创作之上。双方都十分尊重彼此的作品，或者说大家更尊重的是一个能够超越想象与描述、创造出新事物的世界。阿沃·帕特称之为"福分"，而归根结底，这正是音乐的秘密。

1 米歇尔·福柯. 词与物：人文科学考古学. 法兰克福：1989：47；事物的秩序（英译本）. Vintage Books 出版社：1994（4）. 纽约万神殿图书公司编辑再版：1997：17.

2 斯图尔特·尼古尔森. 与 ECM 唱片曼弗雷德·艾歇尔的对话：2007-12-24. www.jazz.com.（2009-6-9 做参考用）

3 戈特弗里德·伯姆. 眼与手之间 —— 作为认知工具的图像 // 建筑之能见度. 约格·胡伯，马丁·赫勒编辑. 维也纳 / 纽约：苏黎世设计与艺术大学出版社：1999：129. 除注明外，皆由格洛丽亚·卡斯坦斯翻译.

4 赫尔曼-约瑟夫·胡里克. 观世音菩萨的慧根：聆听深度觉悟 // 观音 —— 神性悲悯：日本早期佛教艺术. 卡塔琳娜·艾普莱西特编辑. 苏黎世：2007：54f.

5 曼弗雷德·艾歇尔. 边缘与中央 // 触得到的地平线，ECM 制造的音乐. 史蒂夫·莱克，保罗·格里菲思编辑. 伦敦：2007：10.

6 卡尔·弗里德里希·冯·魏茨泽克. 为何冥想？// 知识的愉悦：20 世纪的哲学（沃尔克·史比尔林篇）. 慕尼黑 / 苏黎世：1987：456.

7 莱克和格里菲思. 2007：381.

ARVO PÄRT
IN PRINCIPIO

ECM NEW SERIES

设计：Sascha Kleis
ECM新系列 2050

< Arvo Pärt
　摄影：Luciano Rossetti,
　©Phocus Agency

Pierre Favre
摄影：Caroline Forbes

Pierre Favre 与 Arvo Pärt
摄影：Caroline Forbes

ARVO PÄRT
LAMENTATE

ECM NEW SERIES

设计：Sascha Kleis
ECM新系列 1930

ARVO PÄRT
ALINA

ECM NEW SERIES

设计：Sascha Kleis
ECM新系列 1591

ARVO PÄRT

LITANY

ECM NEW SERIES

设计：Barbara Wojirsch
ECM新系列 1592

Arvo Pärt 与 Manfred Eicher
摄影：Caroline Forbes

Arvo Pärt
摄影：Caroline Forbes

ARVO PÄRT

ORIENT OCCIDENT

ECM NEW SERIES

设计：Sascha Kleis
ECM新系列 1795

摄影：Jan Jedlička
ECM新系列 1988

基辅景色，出自图书《基辅之歌》
基辅Mistestvo出版社，1978

FLY   Sky & Country

Mark Turner
Larry Grenadier
Jeff Ballard

ECM

摄影：Dag Alveng
ECM 2067

摄影：Péter Nádas
ECM新系列 1965

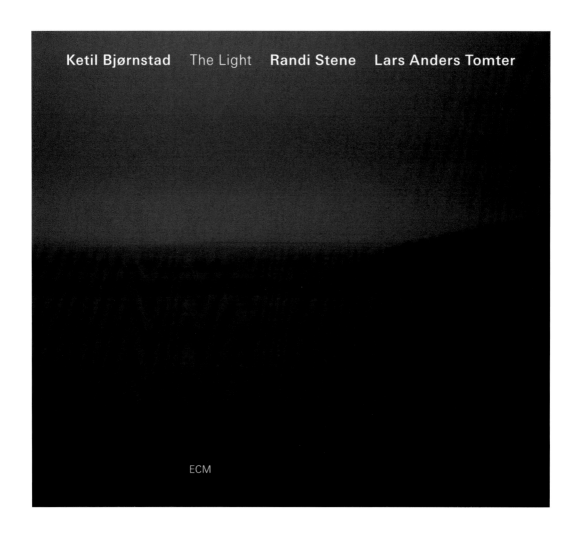

Ketil Bjørnstad　The Light　Randi Stene　Lars Anders Tomter

ECM

摄影：Hans Frederik Asbjørnsen
ECM 2056

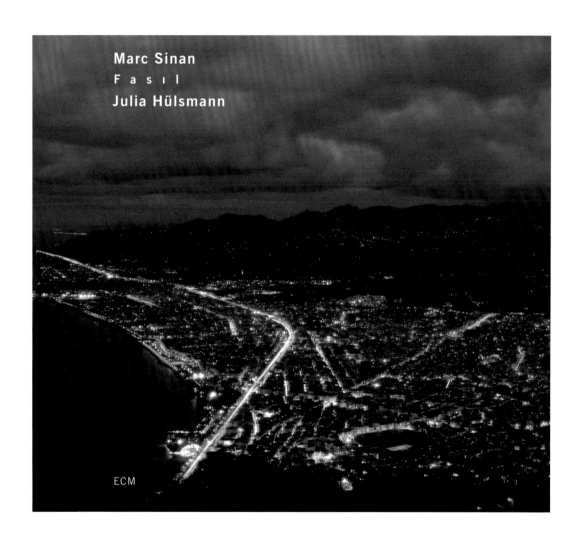

摄影：Filip Zorzor
ECM 2076

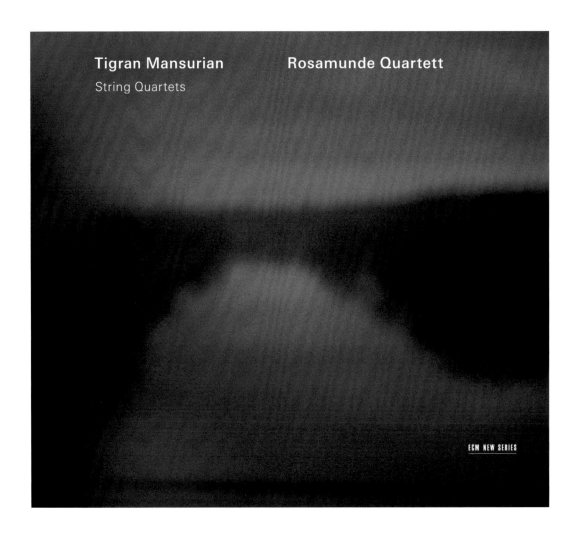

Tigran Mansurian   Rosamunde Quartett

String Quartets

ECM NEW SERIES

摄影：Sascha Kleis
ECM新系列 1905

TRIO MEDIAEVAL

Folk Songs

ECM NEW SERIES

摄影：Guido Gorna
ECM新系列 2003

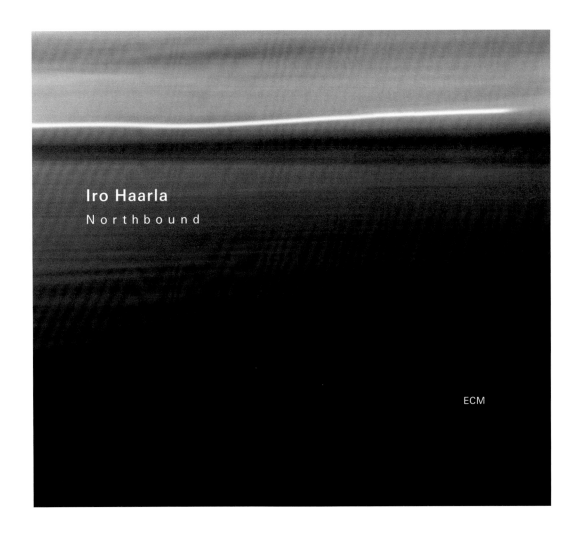

Iro Haarla

Northbound

ECM

摄影：Klaus Auderer
ECM 1918

摄影：Jean-Guy Lathuilière
ECM 2017

John Surman   Jack DeJohnette

Live in Tampere and Berlin

ECM

Invisible Nature

摄影：Jan Jedlička
ECM 1796

Charles Lloyd Quartet Rabo de Nube   ECM

摄影：Dorothy Darr
ECM 2053

ARILD ANDERSEN
LIVE AT BELLEVILLE
PAOLO VINACCIA   TOMMY SMITH

ECM

摄影：Thomas Wunsch
ECM 2078

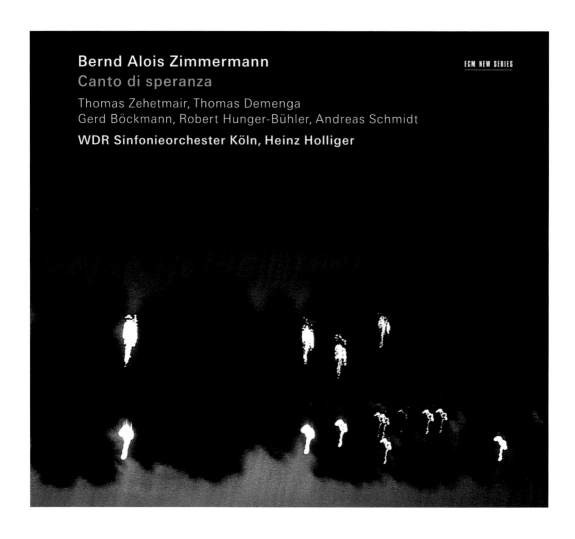

Bernd Alois Zimmermann
Canto di speranza

Thomas Zehetmair, Thomas Demenga
Gerd Böckmann, Robert Hunger-Bühler, Andreas Schmidt

WDR Sinfonieorchester Köln, Heinz Holliger

ECM NEW SERIES

摄影：Thomas Wunsch
ECM新系列 2074

146

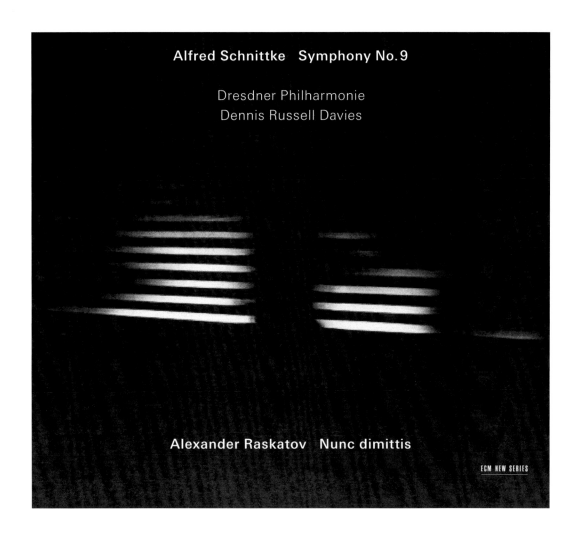

Alfred Schnittke   Symphony No. 9

Dresdner Philharmonie
Dennis Russell Davies

Alexander Raskatov   Nunc dimittis

ECM NEW SERIES

摄影：Max Franosch
ECM新系列 2025

Keith Jarrett
Radiance

ECM

摄影：Peter Neusser
ECM 1960/61

KEITH JARRETT
AT
THE
BLUE
NOTE

I-VI

THE
COMPLETE
RECORDINGS
ECM

设计：Barbara Wojirsch
ECM 1575-80

< Keith Jarrett
摄影：Rose Anne Jarrett

GARY BURTON
CRYSTAL SILENCE
CHICK COREA

THE ECM RECORDINGS
1972–79

设计：Sascha Kleis
ECM 2036-39

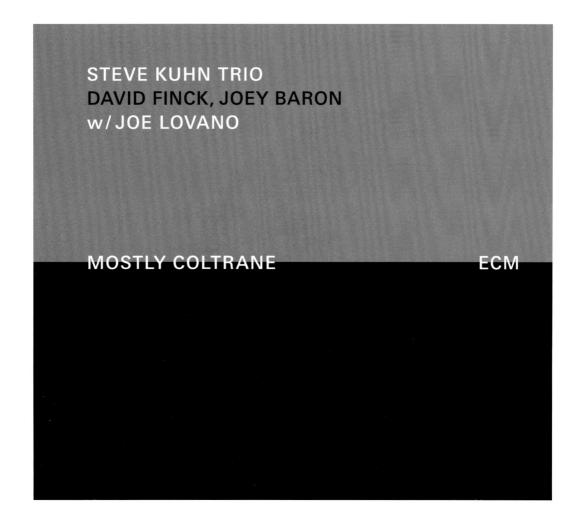

STEVE KUHN TRIO
DAVID FINCK, JOEY BARON
w/JOE LOVANO

MOSTLY COLTRANE   ECM

设计：Sascha Kleis
ECM 2099

Keith Jarrett
摄影：Patrick Hinely

摄影：Sascha Kleis
ECM 2021/22

Gary Peacock
摄影：Patrick Hinely

Jack DeJohnette
摄影：Patrick Hinely

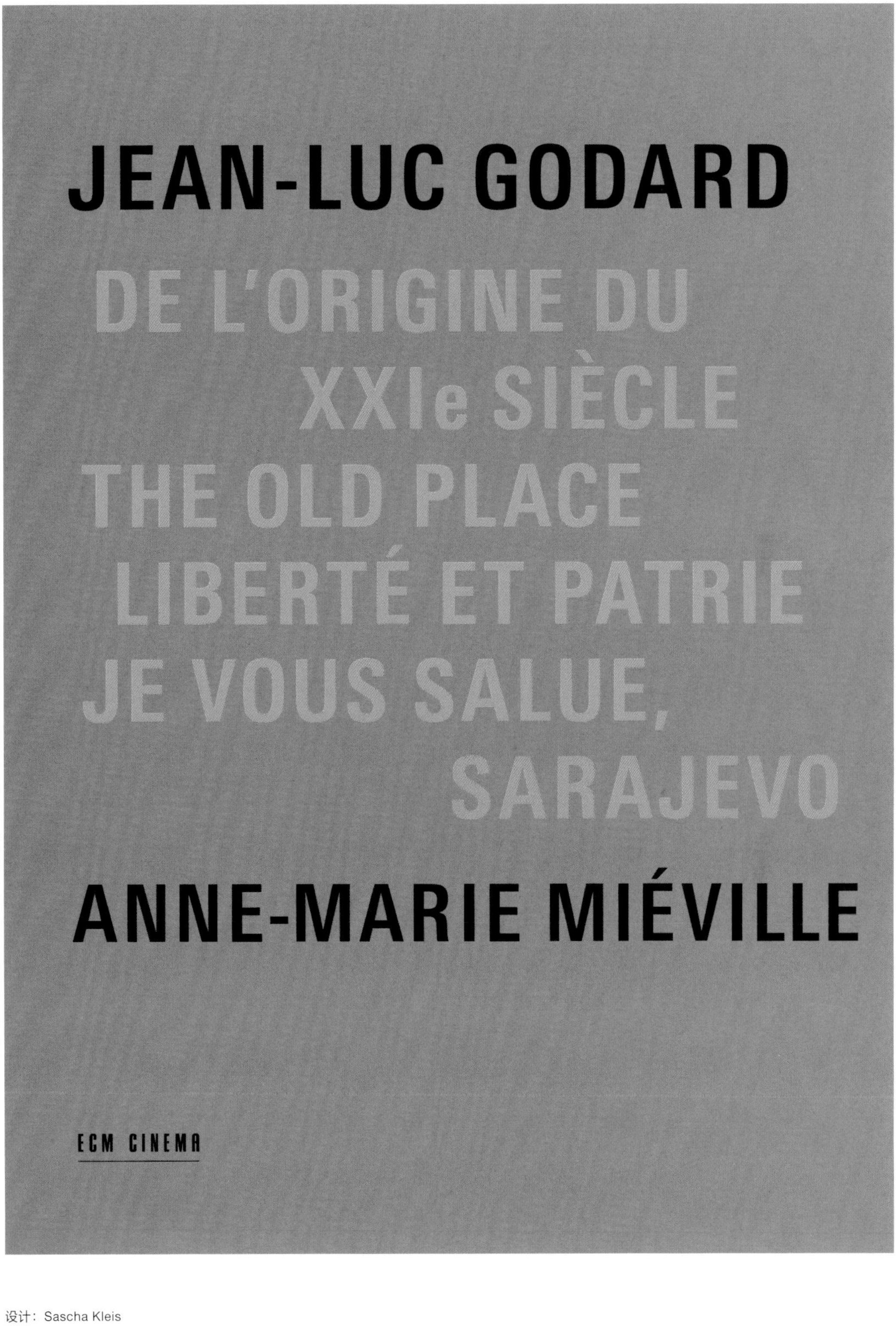

JEAN-LUC GODARD

DE L'ORIGINE DU
XXIe SIÈCLE
THE OLD PLACE
LIBERTÉ ET PATRIE
JE VOUS SALUE,
SARAJEVO

ANNE-MARIE MIÉVILLE

ECM CINEMA

设计：Sascha Kleis
ECM 5001

出自：Jean-Luc Godard
《21世纪的起源》

出自：Jean-Luc Godard/
Anne-Marie Miéville《自由和祖国》

出自：Anne-Marie Miéville /
Jean-Luc Godard《老地方》

他们的音乐：艾歇尔/戈达尔——声音/图像

杰夫·安德鲁

　　自创办以来，ECM厂牌就以对方方面面的制作细节之推敲而著称。这一点毋庸置疑体现在令人乐道的音色清晰度上，它来源于一种坚定的信念——引用ECM音乐家史蒂夫·莱克（Steve Lake）的话来说："音乐应当在绝佳条件下录制，尽可能忠实地将音乐传递给听众。"除此之外，对细节的推敲也体现在文字与视觉内容上：优雅凝练和言之有物的歌词，以及唱片所附带的文案笔记；另外，在记录录音现场、抛砖引玉引出音乐的图片之中，在唱片封套的艺术作品当中，都可见一斑。唱片封套不仅是一本书的焦点，也是为潜在的消费者/听众提供有用而精准的视觉印象的重要尝试，让大家了解唱片中大概是什么样的音乐。

　　ECM的唱片反映了曼弗雷德·艾歇尔的个人偏好与兴趣，我们不仅听得到，也看得到。多年来，艾歇尔一直重用一批核心（但多元化的）设计师、艺术家和摄影师的作品，去呈现ECM出版的音乐。不过，也许较少为人知的是，艾歇尔对电影怀有真切而持久的热忱。他甚至执导过一部影片《全新世》（*Holozän*，1992），此片根据马克斯·弗里施（Max Frisch）1979年的小说《人类出现于全新世》（*Man in the Holocene*）改编，主演是厄兰·约瑟夫森，以与英格玛·伯格曼的合作而闻名国际。事实上，艾歇尔也乐于将这位已故的瑞典电影大师算作自己的朋友，并曾在杨·葛柏瑞克与希利亚德合奏团（Jan Garbarek-Hilliard Ensemble）合作的专辑《谟涅摩叙涅》（*Mnemosyne*，1999）封套中，用到了《第七封印》（1957）中的影像。此外，在好些年里，ECM 曾与西奥·安哲罗普洛斯（Theo Angelopoulos）的作品关联，艾歇尔制作与发行了一批艾莲妮·卡兰德若（Eleni Karaindrou）为这位伟大的希腊人的电影所创作的原声音乐。再者，我们亦不应忘却那些多少受到电影人启发的 ECM 专辑，比如弗朗索瓦·库蒂里耶（François Couturier）的《乡愁——献给塔可夫斯基的歌》（*Nostalghia-Song for Tarkovsky*，2006），或斯蒂凡诺·巴塔利亚（Stefano Battaglia）的《回复：帕索里尼》。

不过，与让－吕克·戈达尔的友情和专业合作，无疑才是艾歇尔对电影持久的兴趣最有力、最显著的证据。ECM 不仅大胆发行了戈达尔 1990 年的长片《新浪潮》（包括完整的音乐、叙述、对白以及其他声响）和影像史诗《电影史》（1998 年完成）的原声唱片；而且，厂牌发行的第一批 DVD 就是戈达尔与长期合作伙伴安－玛莉·米耶维勒（Anne-Marie Miéville）的 4 部短片。这位资深大导的拥趸早就应该发现，《新浪潮》之后的 20 年来，戈达尔经常在自己影片的原声音乐中，出人意料地频繁且极有创意地运用 ECM 艺术家们的作品。据导演先生说，最初是艾歇尔先找上门的：给他发了一些阿沃·帕特的音乐；戈达尔听了这些新的音乐觉得喜欢，之后要求再多听一些 ECM 的东西；于是艾歇尔特许他免费使用任何他想用的 ECM 作品。如此一来，不管有没有留意到，戈达尔的追崇者们不断能听到风格极为多元化的音乐家和作曲家的作品，从迪诺·萨鲁兹、大卫·达林（David Darling）、保罗·吉热（Paul Giger）、瓦连京·西尔韦斯特罗夫、

吉雅 · 坎切利（Giya Kancheli），到梅芮迪斯 · 蒙克（Meredith Monk）、肖斯塔科维奇、贝多芬、巴赫等，不一而足。

这种"艾歇尔 – 戈达尔"式的关系显然是一种双向合作：这可能毫不令人意外，因为两人有太多共通之处。两人对于自己选择从事的艺术，都倾向于避开各种"规则""定义"和人们对艺术形式的定见。两人都乐于将不同素材并置、组合与混搭，这是大部分置身于各自领域中的人做梦也不会去想的。两人似乎也都对地理上、一般意义与形而上的各种边界视若无睹，边界对他们来说轻则是累赘，重则是极端的约束。由此，两人极大拓宽了各自领域的语境，文学、视觉艺术、哲学、历史等都在视野之内。

同样不出意料，在考虑一张新专辑用什么封面最合适时，艾歇尔不时会去找戈达尔。选择图片的人并不是 ECM 的设计师，而是艾歇尔自己。他要找的是多少能担当得起"招牌"的图片——能呈现出专辑音乐氛围的东西。他不讳言这是一种极端主观的做法，有时候音乐和图像混搭起来，也许难以用精准的术语去解释。

举个例子，托马斯 · 斯坦科（Tomasz Stanko）四重奏的两张专辑均选用了戈达尔作品的影像。2004 年的《悬浮之夜》（*Suspended Night*）中出自《电影史》的用图恰好就是夜晚的感觉：漆黑的蓝夜恰如其分地悬于破晓一般的白色地平线上空，地平面在水中的倒影比深蓝的前景更远一些。斯坦科与他的乐队在唱片中的演出至臻完美，带着迈尔斯 · 戴维斯《有点蓝》那样的爵士乐感觉，人们几乎想要将这张图片看成是对专辑标题天衣无缝的诠释；可是如果去看看 2002 年这个四重奏稍早时期的专辑《物之魂》(*Soul of Things*) 的封面，上面是戈达尔《爱的挽歌》(2001) 最后的彩色段落中效果惊人的剧照，这时人们将立即意识到过于字面化的解读的危险。这张早一点的唱片与《悬浮之夜》的音乐氛围差别不大，而我们也再一次看见了水的元素——蓝色的（尽管颜色没有那么深）——被蓝色云团下颜色浅一些的地平线所隔开。不过，虽然同样是水景，前一张图片与后一张的视觉效果却很不一样，因为戈达尔在浪潮与云团上面叠加了一个人的头像（但暗得只能算是轮廓），也因为地平线上是炽热的红色，而一大团蓝色的云被一束耀眼的黄光所割破。在这种情形之下，任何表面化的诠释（比如说黄色光焰与人像脑袋的上半部分交融，也许会被作为"灵魂"去解读）都显得荒唐——也许这能解释我向艾歇尔问起这张专辑封面时，他的说法。对他而言，在斯坦科的音乐里，不时会出现极强的亮光。一点不错，比起文字，色彩常常更能激发音乐的"温度"（引用艾歇尔的话）。不谋而合，一位 *Downbeat* 的乐评人在写到斯坦科 2006 年的专辑《隆塔诺》(*Lontano*) 时，描述音乐是"宁静、忧郁的火光"。用这段文字去形容《物之魂》封面那片燃烧的红色天际也极为适当。

　　诺玛·温斯顿 (Norma Winstone) 的专辑《距离》(*Distances*, 2007) 也用到了《爱的挽歌》中的一幅画面。在这张醉人的专辑中，格劳克·维尼尔 (Glauco Venier) 的钢琴与克劳斯·格辛 (Klaus Gesing) 的高音萨克斯管和低音单簧管烘托着温斯顿清澈的嗓音，渗透出清凉、精细而具有空间感的亲密氛围。这种聆听经验不由得令人对黑白封面上乍看像是繁忙市景的照片发出疑问。但是仔细研究：唱片里大部分的作品恰恰都是对爱的挽歌，而照片上的浅焦使得路人之间的距离看起来比实际更近一些——最终，亲近感只由人们的视角去决定。温斯顿在点题作品的歌词中警告："这一城未知深浅的地下街道，不去踏足，不闻不问 / 保持距离最好。"我想，这张照片折射出一种情感上的戒心。

虽说在谈论 ECM 时去做一概而论的归纳不太明智，但可以肯定的是，艾歇尔在爵士乐唱片中对戈达尔影像的使用没有在古典专辑（但愿能有一个更恰当的名称）或现代音乐上那么多。在好些例子中，唱片背后艾歇尔的用意显而易见：《电影史》里影子当中天使脸庞朝下的雕塑，用在"中世纪三重奏"的 14 世纪复调音乐唱片《天使之语》（*Words of the Angel*，2001）、克里斯托弗·波彭（Christoph Poppen）与希利亚德合奏团的《死亡》（2001）这两张充满了精神与信仰气质的专辑之中再适合不过。克里斯托弗和希利亚德合奏团意图营造约翰·塞巴斯蒂安·巴赫在创作 d 小调小提琴组曲时，音乐在他头脑中发出共鸣的想象：这段庄严的音乐奥德赛所抵达的境界，是生与死在极致凄美的和谐中共存。

有些"神性"没那么明显的画面则被用在三张"古典"专辑当中，这些图片里全部都有"脚"的近景。西尔韦斯特罗夫的《致拉里莎的安魂曲》（*Requiem for Larissa*，2004）封面影像出自《电影史》，可事实上，据艾歇尔透露，图片的起源其实是罗伯特·布列松的影片（我斗胆猜测，从邋遢的鞋面和裸露的肌肤看来，应该出自 1967 年的《穆谢特》）。这张图片中还有一只伸向地面的女性的手，好像是要寻找什么：一种失落或渴望，与黑白画面的颗粒质感混合，正好吻合西尔韦斯特罗夫对已故妻子的哀悼。至于《德彪西与莫扎特的歌》（*Songs of Debussy and Mozart*，2003）封套上的那双女性的脚，我不确定在戈达尔将其用到《电影史》以前曾在哪里出现，但画面上纤弱、精致，甚至顽皮暗示的情欲感，确实捕捉到了众多以诗歌为蓝本的歌曲的气质。再有，莫扎特选用的歌德作品《紫罗兰》，描写的是一个粗心的年轻牧羊女，快步地走，踩碎了脚下的一株花，但花儿依然欢欣："假如我必须死去，至少我将死去／因为她，因为她／就在这儿，在她脚下！"

　　大理石楼梯上穿着凉鞋的脚（这次的色彩很节制，出自戈达尔《我们的音乐》），出现在《阿斯图里亚纳》（*Asturiana*，2007）的封面上。金·卡丝卡茜安（Kim Kashkashian）与罗伯特·莱文（Robert Levin）对于西班牙、阿根廷音乐的精湛演绎，有着轻盈的优雅，无疑带出了舞蹈般的感染力。确实，艾歇尔谈及他选用脚部的图片，是因为他觉得音乐家也如舞者，演出时的站姿和动作常能反映出他们内心的某些东西。可事实上，在《Voci》（2001）的专辑封面上，很难判断这两人（出自《电影史》）是在跳舞，还是在逃避镜头；而白色裙裾上的一抹红色——是血迹？——可能暗示这是一场奔逃。无论是哪一种，画面构图和被红色光亮打破的阴沉色板，都与金·卡丝卡茜安对卢西亚诺·贝里奥（Luciano Berio）以西西里民歌为蓝本写的两首作品的出色演绎相得益彰：甫一进入粗璞而富于狂想，进而黑暗且激烈，即时而为却恒久。

　　以上所提到的图片当然都来源于电影，但它们实际上是戈达尔早就给了艾歇尔，允许他放入 ECM 资料库的剧照；但有两个例外，艾歇尔从《受难记》（1982）中"抓取"了一批影像，以便使用图片。同样，某种对"永恒感"的追求也许驱使他为大卫·达林的专辑《大提琴》（*Cello*，1992）做出这样的视觉选择：蓝天和一缕白云。当然，达林作品中（其中两首与艾歇尔合写，一首题献给戈达尔）深沉、舒缓的音色，或许也推着制作人往无边际的缥缈蓝色的影像而去。另有一张类似的图片使专辑《三体》（*Trivium*，1992）大为增色，这是一张帕特、彼得·麦克斯韦·戴维斯（Peter Maxwell Davies）和菲利普·格拉斯（Philip Glass）的管风琴作品合集；确实，克里斯托弗·鲍尔斯–布罗德本特（Christopher Bowers-Broadbent）在描述自己有多喜爱演绎这些作品的笔记开头写道："这是关于时间和空间的演出……"然而，这次令人惊叹的是蔚蓝的天际被飞机尾部笔直的白色烟迹所割开：恒久的和现代的，正如音乐（尤其是帕特的）同时拥抱古典和当代风格（某种意义上这相当 ECM）。我们再次看到，艾歇尔对越过边界——或者说高翔于边界之上——情有独钟。

　　最后，戈达尔出版自己的作品用了什么封面设计呢？没有图片。艾歇尔想要将每一部戈达尔的影片当作一本书去呈现，只有标题和作者名字的简洁印刷体。他懂得，唱片中的每个音符与每幅画像一样，本身就足够去讲一个故事。

出自：Ingmar Bergman《第七封印》

出自：Ingmar Bergman《第七封印》
ECM新系列 1700/01

Eleni Karaindrou
摄影：Athina Kazolea

《特洛伊的女人们》的演出
摄影：Kostas Ordolis

Euripides   Trojan Women   Music by **Eleni Karaindrou**

Directed by   **Antonis Antypas**

ECM NEW SERIES

摄影：Kostas Ordolis
ECM新系列 1810

BATAGRAF

ON BALKE

ECM

摄影：Jon Balke
ECM 1932

<　摄影：Peter Neusser

John Cage
T h e   S e a s o n s

ECM NEW SERIES

摄影：Jo Pesendorfer
ECM新系列 1696

摄影：Sascha Kleis ＞

Gianluigi Trovesi   Gianni Coscia
In cerca di cibo   ECM

摄影：Gérald Minkoff
ECM 1703

Savina Yannatou Primavera en Salonico   **Songs Of An Other**

摄影：Thanos Hondros
ECM 2057

Giya Kancheli   Little Imber

ECM NEW SERIES

摄影：David Kvachadze
ECM新系列 1812

Giya Kancheli
Magnum Ignotum
Mstislav Rostropovich

ECM NEW SERIES

摄影：Flor Garduño
ECM新系列 1669

Giya Kancheli 与 Natalia
Pschenitschnikova
摄影：Roberto Masotti

GIYA KANCHELI   EXIL

ECM NEW SERIES

绘画：Arianne Epars
ECM新系列 1535

Thomas Zehetmair Niccolò Paganini 24 Capricci

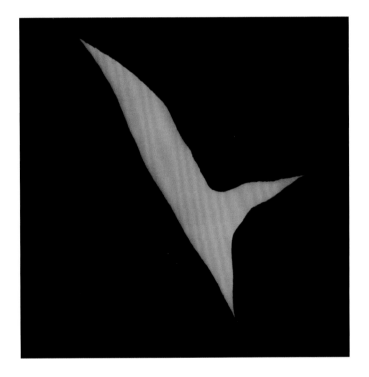

ECM NEW SERIES

摄影：Jean Marc Dellac
ECM新系列 2124

Stravinsky / Bach

Leonidas Kavakos violin   **Péter Nagy** piano   ECM NEW SERIES

摄影：Muriel Olesen
ECM新系列 1855

Dans les arbres

Xavier Charles
Ivar Grydeland
Christian Wallumrød
Ingar Zach

ECM

摄影：Manos Chatzikonstantis
ECM 2058

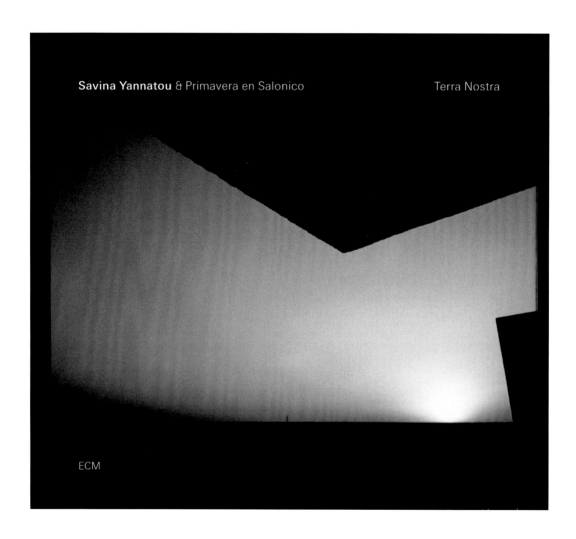

Savina Yannatou & Primavera en Salonico · Terra Nostra

ECM

摄影：Manos Chatzikonstantis
ECM 1856

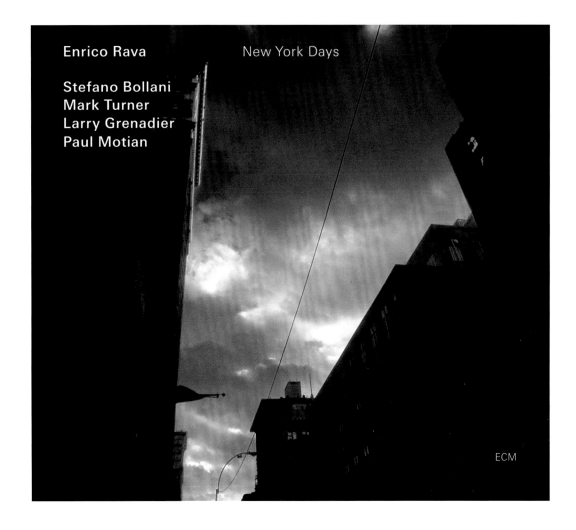

Enrico Rava   New York Days

Stefano Bollani
Mark Turner
Larry Grenadier
Paul Motian

ECM

攝影：Robert Lewis
ECM 2064

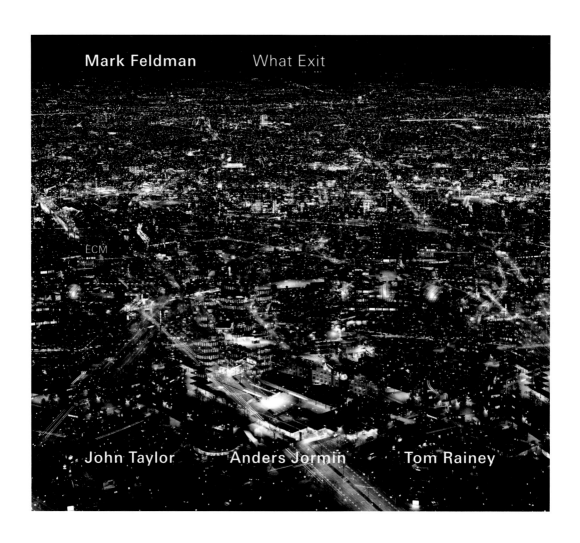

Mark Feldman　　What Exit

ECM

John Taylor　　Anders Jormin　　Tom Rainey

撮影：Peter Neusser
ECM 1928

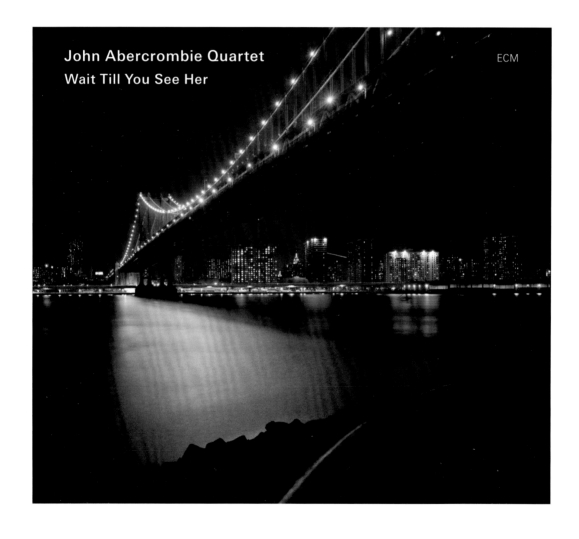

John Abercrombie Quartet
Wait Till You See Her
ECM

摄影：Dieter Rehm
ECM 2102

摄影：Giya Chkhatarashvili >

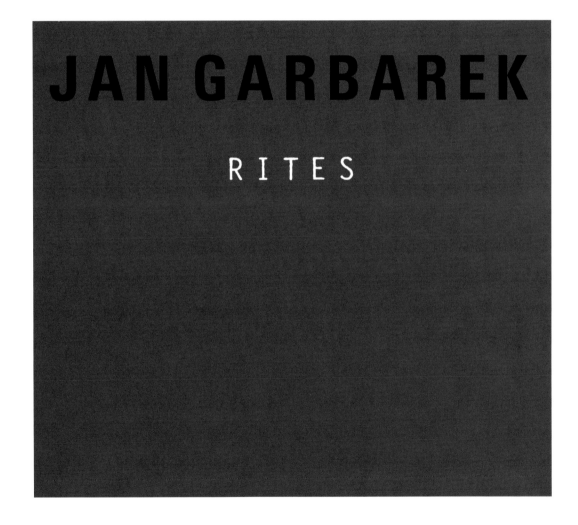

JAN GARBAREK

RITES

设计：Sascha Kleis
ECM 1685/86

< Jan Garbarek

摄影：Jean-Guy Lathuilière
ECM新系列 1793

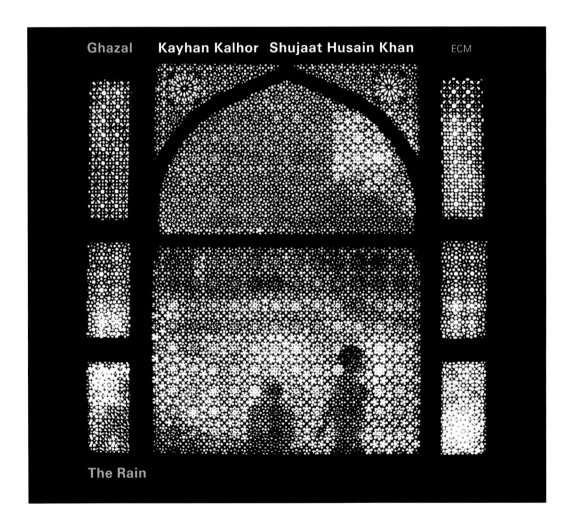

The Rain

摄影: Gérald Minkoff
ECM 1840

Dino Saluzzi
摄影：Juan Hitters

Dino Saluzzi
Cité de la Musique

ECM

摄影：Juan Hitters
ECM 1616

Trio Mediaeval　　Soir, dit-elle

ECM NEW SERIES

摄影：Péter Nádas
ECM新系列 1869

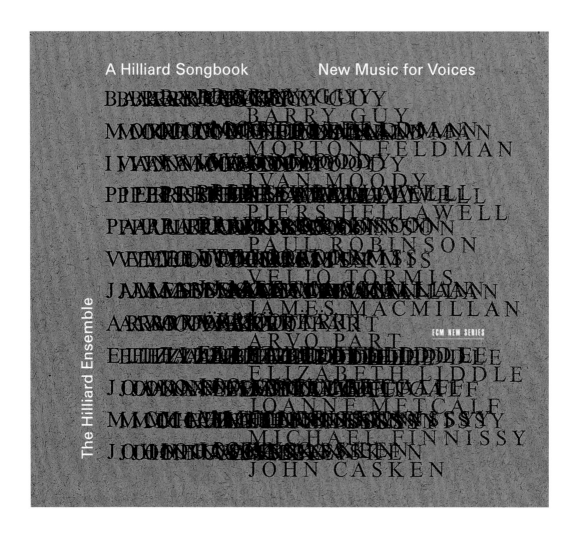

A Hilliard Songbook　　　New Music for Voices

BARRY GUY
MORTON FELDMAN
IVAN MOODY
PIERS HELLAWELL
PAUL ROBINSON
VELJO TORMIS
JAMES MACMILLAN
ARVO PART
ELIZABETH LIDDLE
JOANNE METCALF
MICHAEL FINNISSY
JOHN CASKEN

The Hilliard Ensemble

ECM NEW SERIES

设计：Barbara Wojirsch
ECM新系列 1614/15

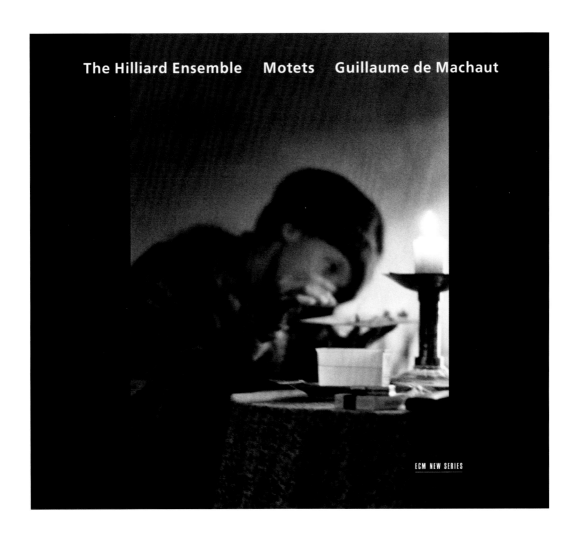

The Hilliard Ensemble   Motets   Guillaume de Machaut

ECM NEW SERIES

摄影：Andrea Baumgartl
ECM新系列 1823

Giya Kancheli   Caris Mere

ECM NEW SERIES

摄影：Christoph Egger
ECM新系列 1568

Miroslav Vitous Group
w / Michel Portal

Remembering Weather Report   ECM

摄影： Sascha Kleis
ECM 2073

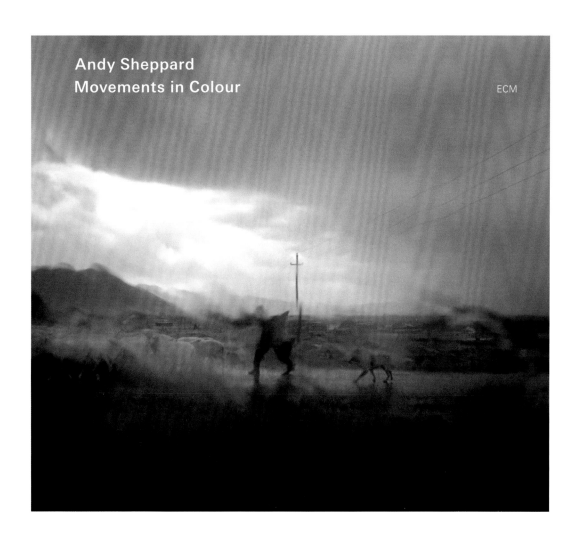

Andy Sheppard
Movements in Colour
ECM

摄影：Jean-Guy Lathuilière
ECM 2062

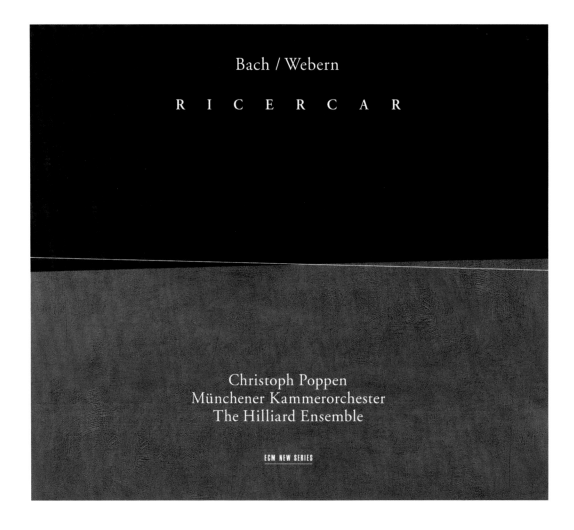

Bach / Webern

RICERCAR

Christoph Poppen
Münchener Kammerorchester
The Hilliard Ensemble

ECM NEW SERIES

绘画：Mayo Bucher
ECM新系列 1774

摄影：Caroline Forbes
ECM新系列 1726

Ralph Towner
Eddie Gomez
Jack DeJohnette

Batik

ECM

摄影：Sascha Kleis
ECM 1121

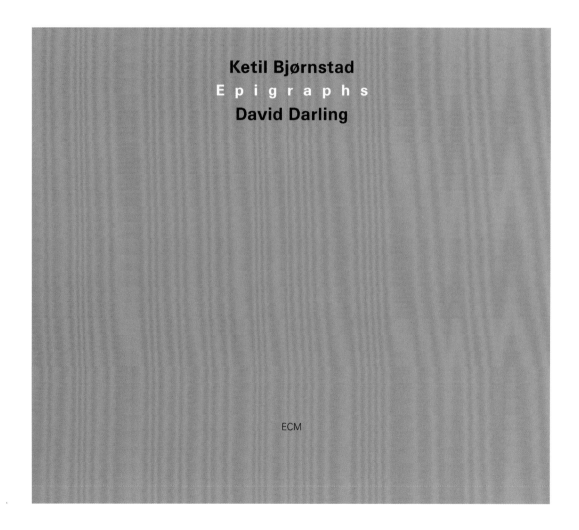

Ketil Bjørnstad
Epigraphs
David Darling

ECM

设计：Sascha Kleis
ECM 1684

Eleni Karaindrou 与 Manfred Eicher

Eleni Karaindrou
Music for Films

Theo Angelopoulos
Landscape In The Mist
The Beekeeper
Voyage To Cythera

ECM   Essay by Wolfram Schütte

出自：Theo Angelopoulos《雾中风景 》
摄影：Giorgos Arvanitis
ECM 1429

出自：Theo Angelopoulos《雾中风景》
摄影：Giorgos Arvanitis

出自：Theo Angelopoulos《塞瑟岛之旅》
摄影：Giorgos Arvanitis

THE RETURN

Film by **Andrey Zvyagintsev**   Music by **Andrey Dergatchev**   ECM

摄影：Vladimir Mishukov
ECM 1923

< 出自：Andrey Zvyagintsev《回归》
摄影：Mikhail Kritchman

出自：Andrey Zvyagintsev《回归》
摄影：Mikhail Kritchman

出自：Andrey Zvyagintsev《回归》
摄影：Mikhail Kritchman

György Kurtág
Signs, Games and Messages

Friedrich Hölderlin
Samuel Beckett

ECM NEW SERIES

摄影：Thomas Wunsch
ECM新系列 1730

György Kurtág
摄影：Christoph Egger >

John Surman   Howard Moody
Rain On The Window

ECM

摄影：Sascha Kleis
ECM 1986

Vassilis Tsabropoulos   Anja Lechner   U. T. Gandhi   M E L O S

摄影：Thomas Wunsch
ECM 2048

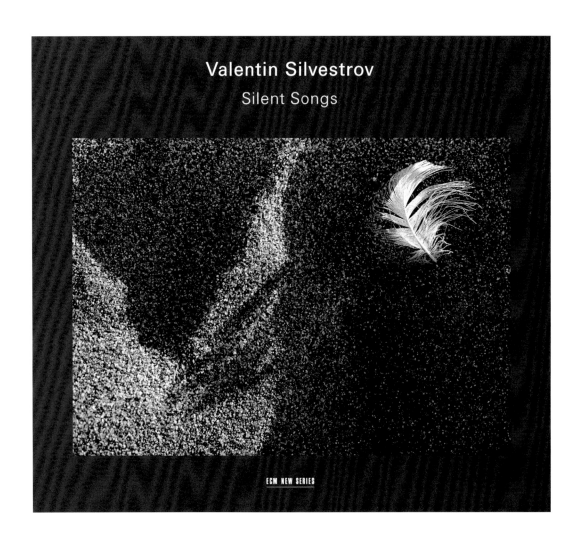

摄影：Vladimir Mishukov
ECM新系列 1898/99

Stephan Micus   on the wing

ECM

摄影：Claudine Doury
ECM 1987

Zehetmair Quartett

Béla Bartók   Paul Hindemith

ECM NEW SERIES

摄影：Thomas Philios
ECM新系列 1874

Carolin Widmann   Dénes Várjon

Robert Schumann   The Violin Sonatas

摄影：Barbara Klemm
ECM新系列 2047

Paul Bley Solo in Mondsee   ECM

撮影：Roberto Masotti
ECM 1786

Savina Yannatou
摄影：Sokratis Nikoglou

Savina Yannatou
& Primavera en Salonico

Sumiglia

ECM

摄影：Manos Chatzikonstantis
ECM 1903

Misha Alperin　**North Story**　　　　　　　　　ECM

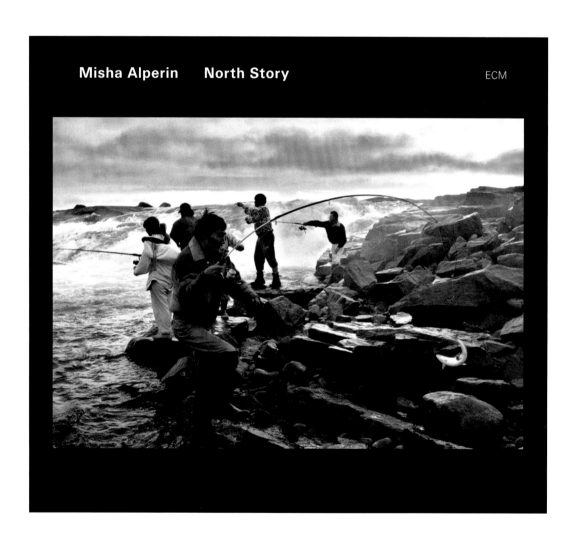

摄影：Christoph Egger
ECM 1596

摄影：Christoph Egger

<　摄影：Christoph Egger

Peter Erskine J U N I **Palle Danielsson** **John Taylor** ECM

摄影：Christoph Egger
ECM 1657

JOHN DOWLAND

摄影：Jim Bengston
ECM新系列 1697

< 摄影：Caroline Forbes

Ketil Bjørnstad
David Darling
Jon Christensen
Terje Rypdal

The Sea II

ECM

摄影：Jan Jedlička
ECM 1633

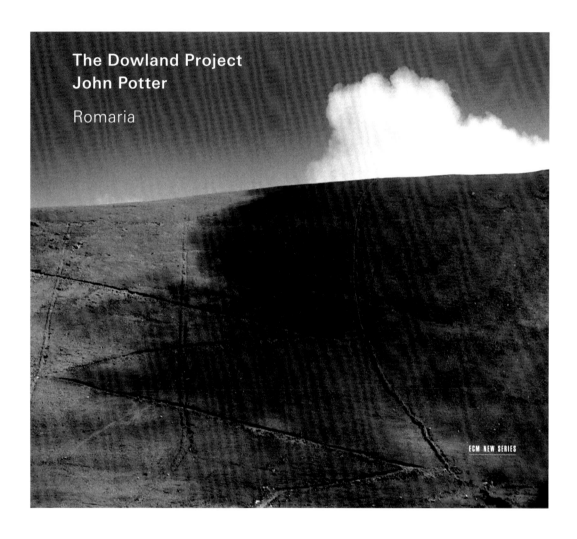

The Dowland Project
John Potter

Romaria

ECM NEW SERIES

摄影：Gérald Minkoff
ECM新系列 1970

大地与音响

克提尔·比约恩斯塔

从一开始，ECM 的创始人和制作人曼弗雷德·艾歇尔的审美取向就对其旗下专辑的封面设计有着深远的影响。40 多年过去了，可即使说《阿弗里克·波珀伯尔德》（*Afric Pepperbird*，1970）专辑的封面是今天设计的我也信。并不是说这一路走来视觉设计缺少发展，而是说 ECM 的封面设计自诞生时起就明确参考了当代艺术的某些特质：忽略难以捉摸的潮流，立足于更扎实的审美习俗，与影响深远的欧洲艺术风潮互通有无。打破这种审美标准的例子屈指可数，比如基思·贾勒特在其首张独奏 LP 上的画像（多年以后还有约翰·凯奇等人的例子）。但早在风靡全球的《科隆音乐会》（*Köln Concert*，1975）专辑设计上，贾勒特的摄影师已经展示出将大唱片公司甩开几条街的审美意识。当时的大公司都讲究色彩张扬，甚至以追捧为重心，无论拍的是指挥家、独奏乐手还是爵士乐手，看上去全都像是 20 世纪 50 年代好莱坞海报上的电影明星。这种手法至今仍然备受追崇，全世界最好的古典音乐演绎者身不由己都在装模作样，他们披着羊毛围巾或在脖子上围一条丝巾，想要留下漫不经心而又精心设计过的印象。就好像唱片公司竭尽全力要增加唱片中的人物辨识度，强化这位主角的神话。

似乎从最初开始，曼弗雷德·艾歇尔对待唱片封面的认真程度就跟他对待音乐一样。与他曾在多个公开场合所表达的理念一致，他不希望封套的审美由销售和市场利益来控制。正因为如此，在那位美国钢琴家（基思·贾勒特）

发行首批唱片后的多年里，ECM 最有影响力的艺术家们都极少出现在唱片封面上。

我在奥斯陆的西部酒店附近住了 10 年，曼弗雷德来录音时经常住在这家酒店里。这样一来，我们就有了无数讨论艺术、音乐和文学的机会——这些经年累月的交谈，有助于弄清楚隐藏在某些说法背后的世界观："ECM 从来不向听众大声吼，想找寻我们的人都能找到，也知道我们在哪里。"

对于我们许多人而言，这已经成了一种不妥协的艺术宗旨。我们很多艺术家都习惯在专辑发行之前，迫不及待想看到 ECM 会拿出什么样的视觉设计方案。这些方案经常会使人吃一惊。在 ECM 史上商业成绩最好的专辑中，如阿沃·帕特的《阿莲娜》（*Alina*，1999），其最大的特色就是在审美上做减法，以及情绪上的静默。其他唱片公司兴许会想："我们必须要亮出更多板斧，以吸引听众。"而 ECM 似乎只考虑："我们必须找到能精准表达这种音乐的方式。"

有意思的是，听众不会允许自己上当。我曾经无数次地碰到过这样的唱片消费者，他们对唱片封面的要求跟对 ECM 音乐本身的要求一样高。甚至有人拿着我在别家厂牌发表的专辑质问我，怎么可以接受如此毫无想象力的视觉包装呢？这提醒了我一个事实，许多唱片公司和出版社似乎都忘记了：永远不能低估大众。可是，商业与理想的边界到底在哪里？即便是爱德华·霍普（Edward Hopper）

也得画广告海报谋生呢。然而 ECM 却从来没有为迎合商业潮流而妥协过。内容永远是这个公司最关心的问题。

与此同时，曼弗雷德·艾歇尔为了节省开支，提着刚离开录音室的沉重母带，坐火车往返于慕尼黑和奥斯陆之间。他在锻造一个由声音、光线和大地组成的"北欧"概念。我们离世界各地的大城市越远，就越能听得清大自然的声音。比如，从 ECM 诞生起跟随至今的吉他手塔吉·瑞道尔（Terje Rypdal），从孩提时代起就已意识到大自然对他的深远影响。他父辈在挪威西北部海岸特里斯峡湾的土地，现在是属于他的风景，启发其将自然环境与自己的音乐风格融为一体。像《大山的洗礼》《雨后》《如果山峦会唱歌》这样的作品标题，都是灵感的见证。曼弗雷德·艾歇尔很久以前曾说起独特的北极光，在许多唱片封面上，他都在寻找能呈现文明外缘的地带，比如挪威北部、冰岛、格陵兰岛、北极地区或斯匹次卑尔根群岛。所有到过这些地方的人都能感受到笼罩大自然的静默，也都了解风暴将至时的声响。我在斯卡格拉克（丹麦日德兰半岛与挪威南部之间的海峡，译注）的海边生活了 16 年，渐渐开始明白，大海独有的声响和节拍是怎样影响我的音乐的。

在研究 ECM 唱片封面发展的过程中，一个值得记录的有趣现象是：这些设计几乎从来没有色彩，也不铺张。它们当中最不受拘束的封面可能要数 1974 年的专辑《归属》了。四个颜色不同的气球与天空一同倒映在一块庞大的冰块之上。但即使有这样的例外，其审美取向仍然与曼弗雷德·艾歇尔作为制作人时的宗旨无二致：去诠释看得见的表现风格。放在音乐上，它指的是发掘每一个音符的内在价值，并承认采取一致观点的必要性。这一点也可以放到视觉习惯上：你需要多少种颜色？实际上有多少装饰效果是必需的？

由曼弗雷德·艾歇尔担任制作人，对音乐家而言不啻为一个净化过程。最好的状态是你在完成一段录音过后感觉仿佛身轻数磅，多余的音符和乐句忽然格外惹眼，这是因为制作人反复强调，无声是音乐的唯一先决条件。这就迫使乐手们进入了一个悖论式的状态：最终指向自由的克己。在这种音乐空间里，你会重新记起什么叫作张力。视觉表现形式也一样：风景越是令人印象深刻，用色越是克制。正是在此交叉点上，作品主题产生了冲击力。我们不要陈腔滥调的"少即是多"或"杀死汝爱"这些在电影圈里广受欢迎的套路。相反，我们说的是，如果你想要冲击力，就必须克制。然后你才能接近"汝爱"，进而详述你的创意。当然，每一位园丁都懂得种花要先除草的道理。

很多时候，ECM 连风景都不需要。一抹色彩或一条对角线，就足够呈现音乐。但这样的选择一定是受音乐内容影响的。甚至连幽默感都被使用过。认识曼弗雷德·艾歇尔的人都不觉得意外。

唯一没出现过的表达形式是"假大空"。当然可以热烈，但不要刻意人为的情绪。用在音乐里的克制也必须应用到视觉风格上，甚至包括字体。几十年来，ECM 的设计师们一直沿用同一种字体。这样做能令人心情泰然，同时也为每一张同厂牌发行的唱片注入了极大的威望。由此，一批包含了听觉和视觉的独立表现形式，济济一堂于曼弗雷德·艾歇尔和 ECM 营造的空间中。这为原本互不沾边的音乐家建立起联系，比如风格不同的钢琴家此时都有了"ECM 的音乐家"这个相似点。ECM 提供的审美空间也不可避免地影响了音乐家、摄影师与视觉艺术家的艺术选择。这样全面的艺术视野在如此多样而迥异的艺术风格之中依然很突出，十分难得。艾歇尔的作品还与电影表现手法紧密联系，他与戈达尔、安哲罗普洛斯等导演一直保持合作，而这两位电影人也较常使用 ECM 的音乐。在许多情况下，音乐都与对话平起平坐。更加了不起的是，有些导演，像迈克尔·曼，居然能在追逐场景中用到 ECM 的音乐，比如杨·葛柏瑞克的萨克斯管就强化了阿尔·帕西诺在《惊爆内幕》中的恐惧情绪。

从创办至今，ECM 的标准一直在更新自我——为了更新而更新——的需求之上。正如我们能够在最短的乐句和最细微的笔触中辨认出伟大的作曲家和画家，ECM 的音乐与视觉世界也极易辨认，停滞不前的危险亦丝毫不存在。正如不可能去挑剔塞尚画笔下静物太多，批判 ECM 太过依赖自己过去的作品一样行不通。更何况，"ECM 新系列"的发展恰恰显示出这批唱片带出了领域多么广泛的音乐，而它们彼此互不矛盾。特别值得指出的是，这些年来唱片公司将多少新晋、年轻的艺术家引到了聚光灯之下。比起上世纪刚创办之时，"当代音乐合辑"在今天是个范围更广的概念。如今有一件事应该很明显：欧洲作曲界章法严格的现代主义，已被减少迷信权威的艺术实践所取代——涉猎更广，同时对素材的使用更独立——这一向是 ECM 的强项。该厂牌对艺术个性发展的推广独当一面，这同时体现在视觉和音乐世界当中。

　　ECM 一向是即兴演奏的熔炉，不可预知性也就成了录音和唱片封面创作的核心特质。我们在完成了《光》（The Light，2007）的录制后，ECM 开始设计唱片封套，他们需要在内页放兰迪·斯特内（Randi Stene）、拉斯·安德斯·汤姆特（Lars Anders Tomter）和我的照片。一个凛冽的冬日，年轻的摄影师汉斯·弗里德里克·阿斯比约恩森（Hans Fredrik Asbjørnsen）在奥斯陆郊外本纳峡湾我家的露台上摆好了相机。就在我们快拍完时，我告诉他，峡湾上空和岛屿以西的光线很不寻常。以防万一，我让他拍几张风景照。他照做了，然后把照片寄给 ECM。他们立刻就选定了一张照片，后来它成了专辑的封面。他们说，看得出来音乐与大地之间的联结。

　　开放与信任是通往音乐和视觉表现形式的关键词。奇怪得很，个人考虑和野心在此过程中变得不那么起眼了，也许投身于其中的人们都知道，最终在完成的产品中签名的不会是自己一个人。渐渐地，你会意识到自己的位置在哪里，需要遵守哪些法律和规则，运用哪些论据陈述自己的观点最有效。

在这样的过程中，大家学会了互相依靠。就像曼弗雷德·艾歇尔依靠他带到录音棚里的乐手们那样，无论在世界哪个地方，无论发生了多少难以预计的事件，乐手们都得依靠旁人的照顾和帮助，以达到令自己满意的艺术效果。在此期间，唱片封面就成了一份解脱、一个定论、一个并非来自音乐创作者的自由式签名，还是为听众开启的一扇门。作为乐手，我们直到唱片发行前的几周才看得到封面。但这无所谓。我从没担心过效果，也从没有失望过。

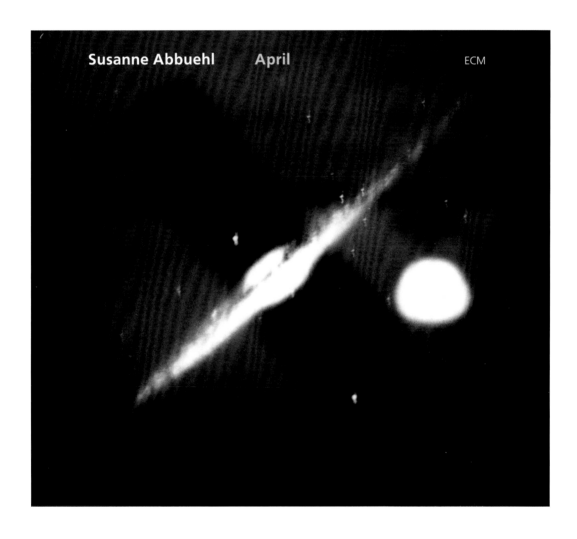

摄影：Muriel Olesen
ECM 1766

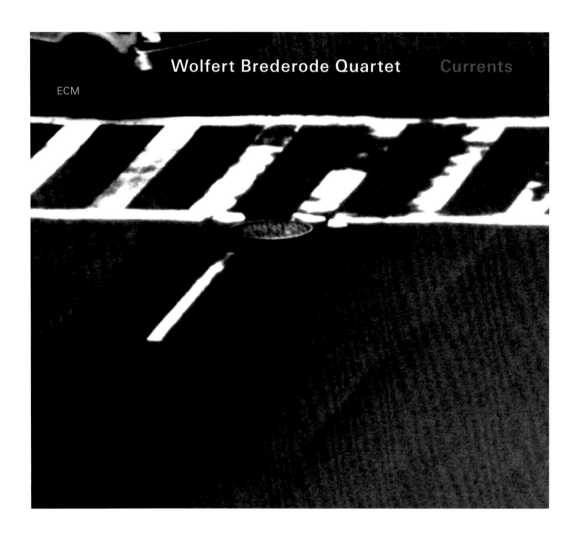

Wolfert Brederode Quartet   Currents

ECM

摄影：Christoph Egger
ECM新系列 1773

JULIANE BANSE ANDRÁS SCHIFF

ECM NEW SERIES

SONGS OF DEBUSSY AND MOZART

出自：Jean-Luc Godard《电影史 》
ECM新系列 1772

Bruno Ganz
WENN WASSER WÄRE

T. S. Eliot
Giorgos Seferis

ECM NEW SERIES

摄影：Ruth Walz
ECM新系列 1723

< Bruno Ganz 饰演哈姆雷特
摄影：Ruth Walz

Manfred Eicher, Arvo Pärt 和
Bruno Ganz
摄影：Roberto Masotti

Gidon Kremer
摄影：Sasha Gusov

Gidon Kremer

Johann Sebastian Bach
The Sonatas and Partitas
for Violin Solo

ECM NEW SERIES

字迹：Johann Sebastian Bach
ECM新系列 1926/27

摄影：Sascha Kleis
ECM 2013

Annette Peacock
an acrobat's heart

ECM

摄影：Alastair Thain
ECM 1733

绘画：Mayo Bucher
ECM新系列 1620

FACING
YOU

KEITH
JARRETT

PIANO

ECM

摄影：Danny Michael
ECM 1017

LA SCALA

Keith Jarrett

绘画：Mayo Bucher
ECM 1640

MANU KATCHÉ TOMASZ STANKO JAN GARBAREK MARCIN WASILEWSKI SLAWOMIR KURKIEWICZ NEIGHBOURHOOD ECM

设计：Sascha Kleis
ECM 1896

< Manu Katché
摄影：Jacky Lepage

Marcin   Slawomir   Michal
Wasilewski   Kurkiewicz   Miskiewicz

TRIO

ECM

撮影： Thomas Wunsch
ECM 1891

Stefano Bollani
Stone In The Water
Jesper Bodilsen
Morten Lund

ECM

绘画：Eberhard Ross
ECM 2080

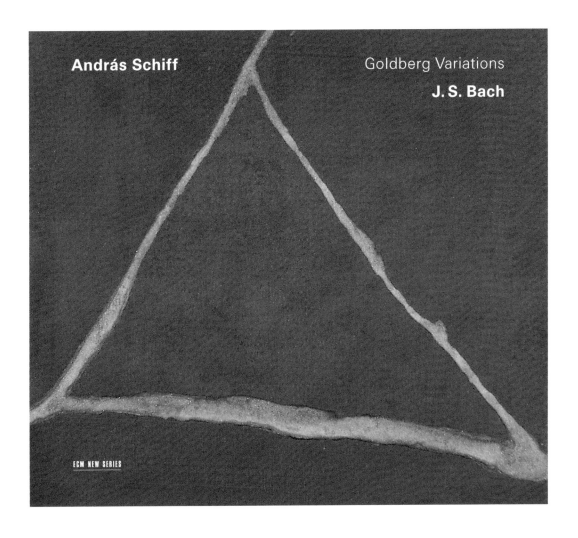

绘画：Jan Jedlička
ECM新系列 1825

Giya Kancheli
Trauerfarbenes Land

Radio Symphonieorchester Wien
Dennis Russell Davies

ECM NEW SERIES

摄影：Giya Chkatavashvili
内册封面
ECM新系列 1646

Giya Kancheli
Trauerfarbenes Land

Radio Symphonieorchester Wien
Dennis Russell Davies

ECM NEW SERIES

摄影：Giya Chkhatarashvili
ECM新系列 1646

Béla Bartók
44 Duos for Two Violins
András Keller, János Pilz

ECM NEW SERIES

摄影：Péter Nádas
ECM新系列 1729

Tigran Mansurian   Kim Kashkashian

M o n o d i a

Leonidas Kavakos, The Hilliard Ensemble, Jan Garbarek
Münchener Kammerorchester, Christoph Poppen

ECM NEW SERIES

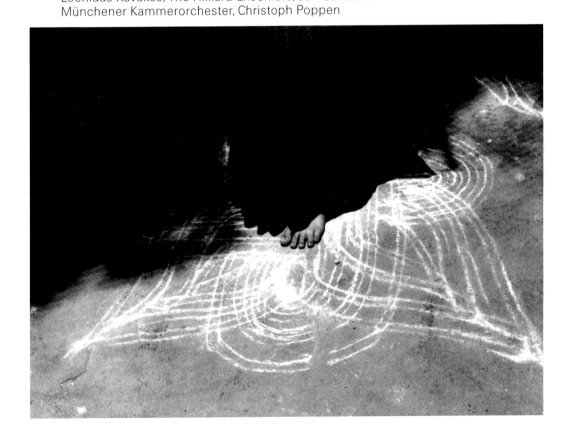

摄影：Muriel Olesen
ECM新系列 1850/51

Dino Saluzzi
Rosamunde Quartett

ECM NEW SERIES

摄影：Flor Garduño
ECM新系列 1638

Anouar Brahem   The Astounding Eyes Of Rita

ECM

摄影：Fouad Elkoury
ECM 2075

Joe Maneri
Barre Phillips
Mat Maneri

ECM

摄影：Péter Nádas
ECM 1862

Keith Jarrett

The Melody At Night,
With You

ECM

摄影：Daniela Nowitzki
ECM 1675

ANOUAR BRAHEM   LE VOYAGE DE SAHAR   ECM

摄影：Thomas Wunsch
ECM 1915

Roscoe Mitchell Composition / Improvisation **Nos. 1, 2 & 3**

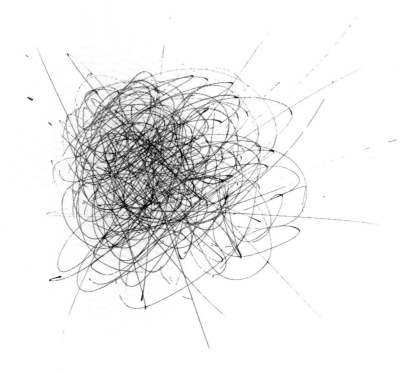

ECM

绘画: Max Franosch
ECM 1872

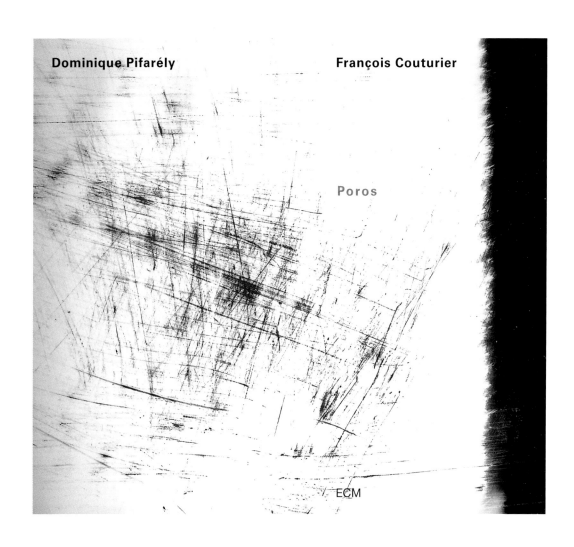

Dominique Pifarély   François Couturier

Poros

ECM

摄影：Wolfgang Wiese
ECM 1647

András Schiff   Ludwig van Beethoven   The Piano Sonatas

Volume VII   Sonatas opp. 90, 101 and 106

ECM NEW SERIES

绘画：Jan Jedlička
ECM新系列 1948

András Schiff   Ludwig van Beethoven   The Piano Sonatas

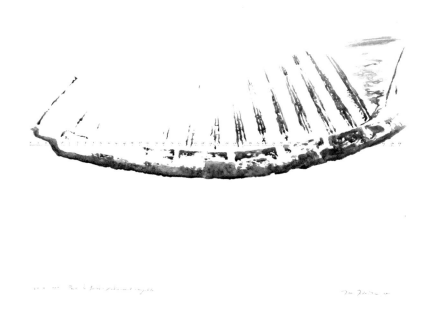

Volume VIII   Sonatas opp. 109, 110 and 111   ECM NEW SERIES

绘画：Jan Jedlička
ECM新系列 1949

Vassilis Tsabropoulos

A K R O A S I S

ECM

内册封面
ECM 1737

绘画：Mayo Bucher
ECM 1737

Misha Alperin   Her First Dance   ECM

摄影：Thomas Wunsch
ECM 1995

摄影：Thomas Wunsch
ECM 2023

Marilyn Crispell   A m a r y l l i s   Gary Peacock   Paul Motian

ECM

摄影：Sascha Kleis
ECM 1742

出自: Jean-Luc Godard《电影史》
ECM 1868

Meredith Monk   impermanence

ECM NEW SERIES

摄影：John Sanchez
ECM新系列 2026

<   Meredith Monk
摄影：John Sanchez

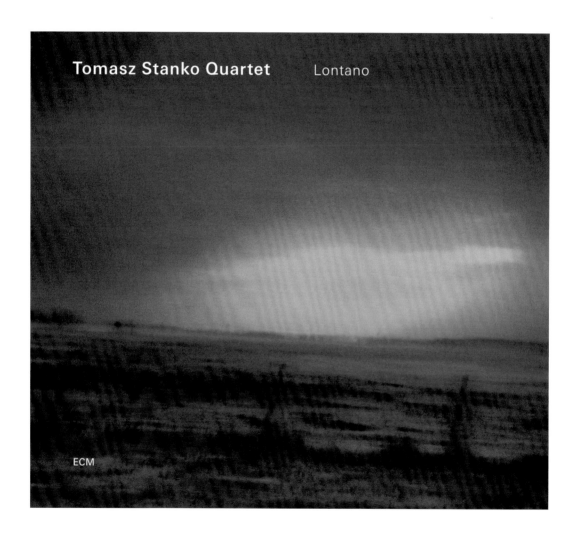

Tomasz Stanko Quartet   Lontano

ECM

摄影：Sascha Kleis
ECM 1980

Ralph Towner   Time Line

ECM

摄影：Jean-Guy Lathuilière
ECM 1968

摄影：Jean-Guy Lathuilière >

Enrico Rava   Easy Living

ECM

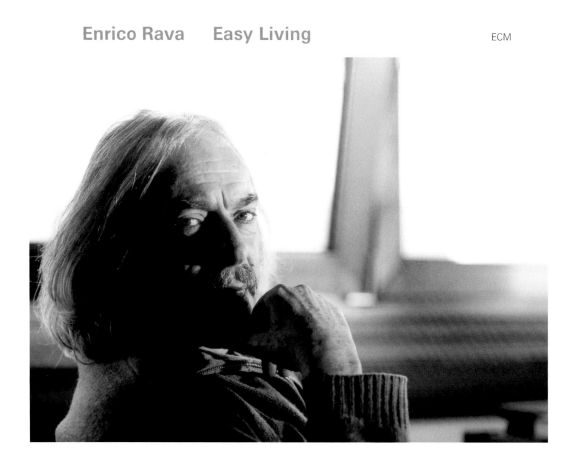

摄影：Roberto Masotti
ECM 1760

ENRICO RAVA QUINTET   THE WORDS AND THE DAYS

ECM

撮影：Arne Reimer
ECM 1982

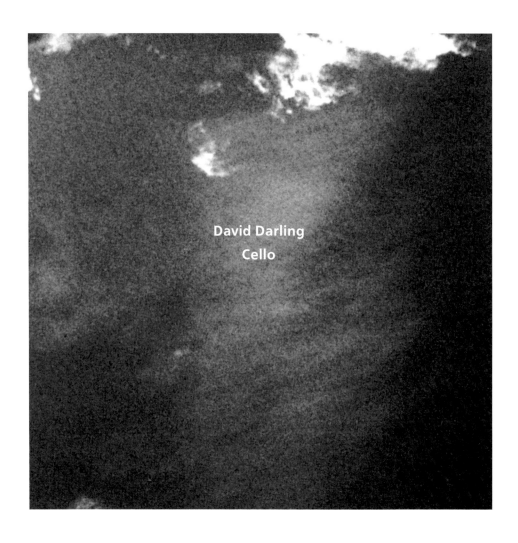

David Darling
Cello

出自：Jean-Luc Godard《受难记》
ECM 1664

Anouar Brahem   Thimar   John Surman   Dave Holland

ECM

摄影：Jean-Guy Lathuilière
ECM 1641

Roscoe Mitchell
Nine To Get Ready

ECM

摄影：Peter Bogaczewicz
ECM 1651

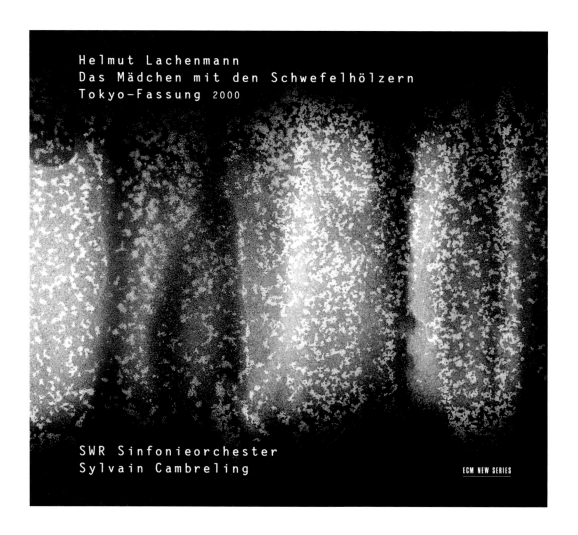

Helmut Lachenmann
Das Mädchen mit den Schwefelhölzern
Tokyo-Fassung 2000

SWR Sinfonieorchester
Sylvain Cambreling

ECM NEW SERIES

撮影: Thomas Wunsch
ECM 1858/59

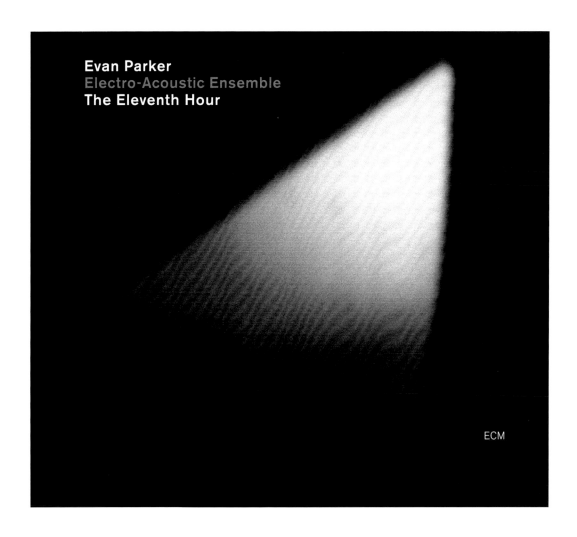

Evan Parker
Electro-Acoustic Ensemble
The Eleventh Hour

ECM

摄影：Max Franosch
ECM 1924

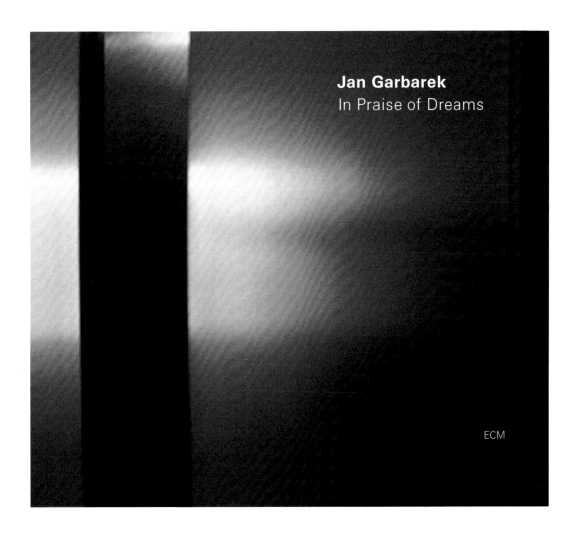

Jan Garbarek
In Praise of Dreams

ECM

摂影：Jan Jedlička
ECM 1880

摄影：Jean-Guy Lathuilière
ECM 1977

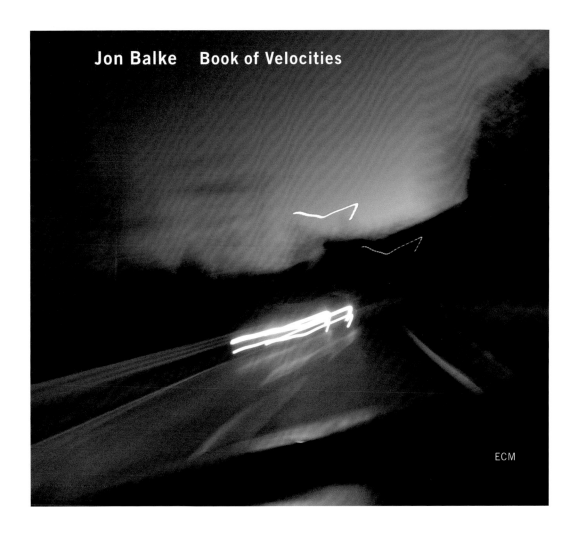

摄影：Jon Balke
ECM 2010

NIK BÄRTSCH'S RONIN   STOA

ECM

摄影：Jean-Guy Lathuilière
ECM 1939

< Nik Bärtsch
摄影：Martin Möll

Marilyn Mazur

E L I X I R

Jan Garbarek

ECM

摄影：Sascha Kleis
ECM 1962

摄影：Thomas Wunsch >

Paul Motian　Time and Time Again　Bill Frisell　Joe Lovano

ECM

摄影：Sascha Kleis
ECM 1992

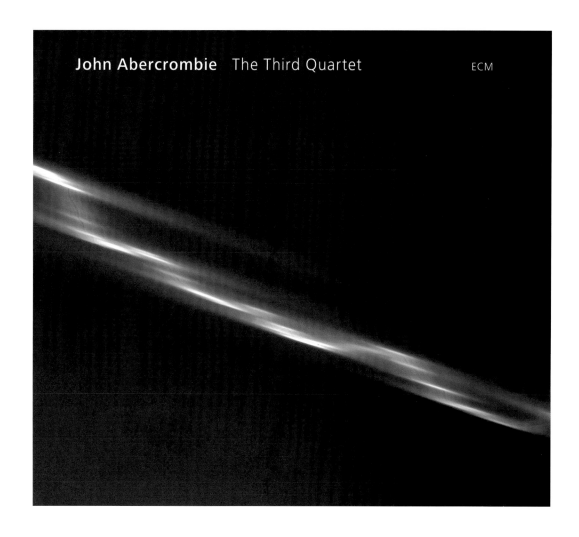

John Abercrombie The Third Quartet ECM

撮影：Max Franosch
ECM 1993

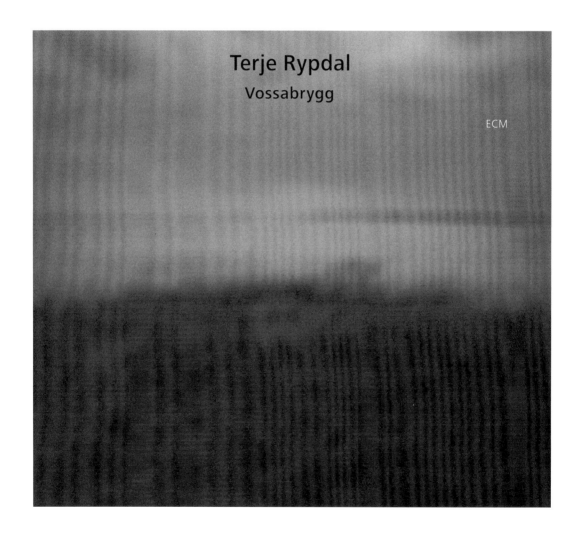

Terje Rypdal
Vossabrygg

ECM

摄影：Sascha Kleis
ECM 1984

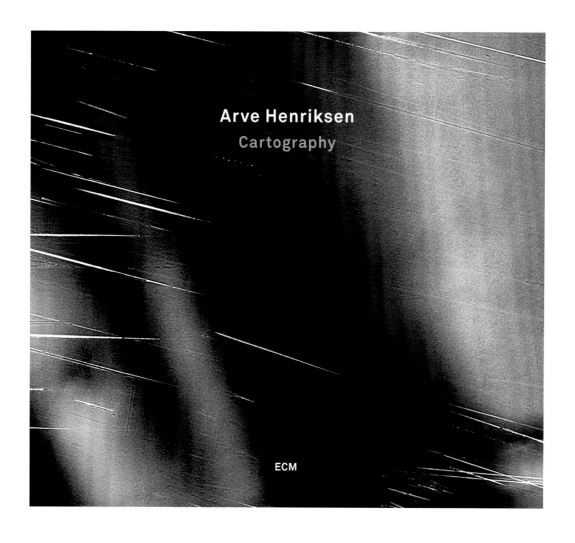

Misha Alperin   First Impression   w / John Surman

ECM

摄影：Sascha Kleis
ECM 1664

Trygve Seim   Frode Haltli   Y e r a z   ECM

摄影：Thomas Wunsch
ECM 2044

摄影：Jean-Guy Lathuilière >

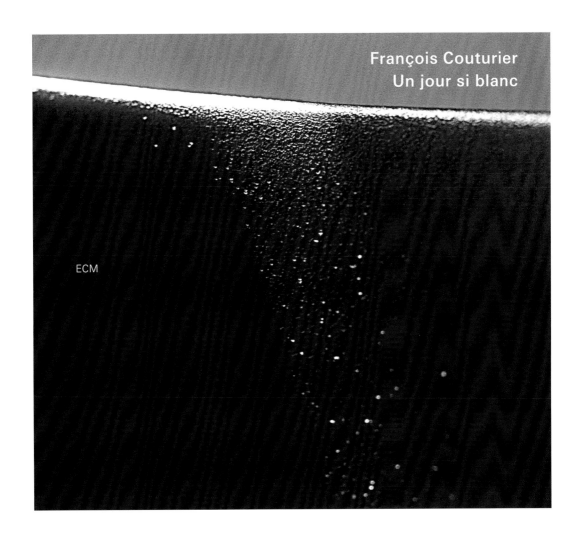

François Couturier
Un jour si blanc

ECM

摄影：Thomas Wunsch
ECM 2103

复调摄影

拉斯 · 缪勒

"当我按下快门时，我闭上眼睛。"摄影艺术家安内利斯 · 斯特巴曾向我透露。某种程度上，她的摄影创作是视线触及过后的残留影像。当我看着 ECM 封面上的风景图片时，这一幕就涌现出来。与其说是对视野之内实物的描摹，它们更像是记忆的余像。眼之所见并不重要——斯特巴从不允许这样做——重要的是照片对过去和未来的影射。

这一插曲对我分析 ECM 封面上呈现的音乐与摄影的关系十分重要。这些照片并不遵循通常的评估标准，其质量高低并非由曝光或景深决定，而是取决于音乐主题展现出的活动本身。潜入静态风景当中的演员是风、光和水。这些都是原生态的，在净化意境的同时，为一个理想的音乐空间制造隐喻。某些照片中假定的缺陷，创造出了复调图片。

违背评估图片的常规原则，是这些照片的特质。它们遵从的是自主性和创作者坚定、坚决的意志。曼弗雷德 · 艾歇尔的才能并不限于一位音乐制作人的作为，他还将其融入到对音乐外在视觉身份的把控上。他将注意力集中在一个反复出现的主题的微妙变化上，并且坚持认为图像的差异性是在抵抗我们这个时代的视觉噪音。这种"看"的方式是对高标准调式美学的呼应。

除了风景与大地，还有一组突出 ECM 图像特色的主题。这组主题首先做分化，将镜头转向人们及其庞然的城市环境。这里的个体更多是作为一种存在而不是一个人而出现。他们常常成群出现，有时是强烈的逆光照，轮廓和影子占据着图片里的空间。这是连续行动中的吉光片羽，艾歇尔的凝视是电影式的。阴影中的人同时也是听众吗？天马行空的想象暗示我这很有可能。有时候这种存在发现自身又出现在风景中，而且是独自一人，或者用不在场的方式通过光影空间去呈现——所谓"超验摄影"。

本书所汇集的对这些唱片封面主题的诠释，指向的是领悟力的不同可能性。我倾向于将 ECM 的图像和音乐均描述成"自由主义者"。也就是说，图像和音乐都坚守聆听与思考的自由，并保持敏感、善意和专注。

从最开始，这就是 ECM 的设计风格，包括封面设计也极少突出个性。多年以来，芭芭拉·沃基尔什和迪特尔·雷姆的艺术创造成就了一种独特的视觉语言，并通过 ECM 的封面展示出来，尽管其中的美学设计也是各自为政，我们已通过 1996 年的《封套的欲望》(*Sleeves of Desire*)展示过。那本书没有跟从市面上封面设计的套路，而是为图像与音乐的对话制造平台。《封套的欲望》的综述也讲述了在 ECM 早期，摄影，尤其是那些转瞬即逝的主题摄影是怎样开展的；还谈到 20 世纪 90 年代初期，摄影术当中的绘图技巧让位给了极简主义与印刷风格。摄影主题的辨识度和质量高低的评估，各自独立但不可避免的文本组成部分之间千丝万缕的关系，自此发展至炉火纯青。这印证了一句格言：安静地说话，却能振聋发聩。

本书是《封套的欲望》一书的延续发展。我们将图片和封套设计成了视觉谱,为观众和读者留出自行探索和解读的空间。ECM 至今发行的唱片,在现代音乐史上写下了郑重的一笔。

然而,假如我们只看到 ECM 唱片的外壳,另一个层面的交流就会隐藏起来。每张唱片的内页册子通常都延伸得很广,形成音乐的"超级结构"。唱片的说明文字都在一本名副其实的小册子里面,精心编辑过的文字与图像成了捍卫音乐的文本。对曼弗雷德·艾歇尔来说,一切在此画成了一个圆:音乐、图像和语言文字构成了不可分割的统一体。

摄影:Franz Schensky >

唱片目录

排版：（除署名外）Sascha Kleis

D=设计
Ph=摄影
AW=绘画

JUST MUSIC

ECM 1001 1969
D: Rufus Vedder
Mal Waldron Trio
Free At Last

ECM 1002 1970
D: Just Music
Just Music

ECM 1003 1970
D: B&B Wojirsch
Paul Bley With Gary Peacock

ECM 1004 1970
D: Dieter Henkel
Marion Brown
Afternoon Of A Georgia Faun

ECM 1005 1970
D: B&B Wojirsch
Derek Bailey / Evan Parker / Hugh
Davies / Jamie Muir / Christine Jeffrey
The Music Improvisation Company

ECM 1006 1970
D / Ph: F. & R. Grindler
Wolfgang Dauner
Output

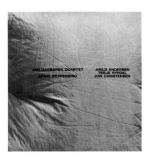

ECM 1007 1970
D: B&B Wojirsch
Jan Garbarek Quartet
Afric Pepperbird

ECM 1008 1970
D: B&B Wojirsch
Robin Kenyatta
Girl From Martinique

ECM 1009 1971
D: B&B Wojirsch
Chick Corea / David Holland /
Barry Altschul
A.R.C.

ECM 1010 1971
D: B&B Wojirsch
Paul Bley
Ballads

ECM 1011 1971
D: B&B Wojirsch
AW: Vinny Golia
David Holland / Barre Philips
Music From Two Basses

ECM 1012 1971
D: B&B Wojirsch
Ph: H. Cananis, L. Gabrielsen
Bobo Stenson / Arild Andersen /
Jon Christensen
Underwear

DAVID HOLLAND   DEREK BAILEY
IMPROVISATIONS
ECM   FOR CELLO AND GUITAR

ECM 1013 1971
D: B&B Wojirsch
AW: David Holland
David Holland / Derek Bailey
Improvisations For Cello & Guitar

PIANO IMPROVISATIONS VOL.1
ECM

ECM 1014 1970
D: B&B Wojirsch
Chick Corea
Piano Improvisations, Vol. 1

SART
JAN GARBAREK
BOBO STENSON
TERJE RYPDAL
ARILD ANDERSEN
JON CHRISTENSEN

ECM

ECM 1015 1971
D: B&B Wojirsch
Jan Garbarek / Bobo Stenson /
Terje Rypdal / Arild Andersen /
Jon Christensen
Sart

ECM 1016 1971
D: B&B Wojirsch
Terje Rypdal

ECM 1017 1972
D: B&B Wojirsch
Ph: Danny Michael
Keith Jarrett
Facing You

ECM 1018/19 1971
D: B&B Wojirsch
Circle
Paris Concert

PIANO IMPROVISATIONS VOL. 2
ECM

ECM 1020 1972
D: B&B Wojirsch
Chick Corea
Piano Improvisations, Vol. 2

ECM 1021 1973
D: Barbara Wojirsch
Keith Jarrett / Jack DeJohnette
Ruta And Daitya

chick corea · return to forever

ECM 1022 1972
D: Michael Manoogian
Chick Corea
Return To Forever

ECM 1023 1973
D: B&B Wojirsch
Paul Bley
Open, To Love

ECM 1024 1973
D: B&B Wojirsch
Ph: Hans Paysan
Gary Burton / Chick Corea
Crystal Silence

ECM 1025 1973
D: B&B Wojirsch
Ralph Towner with Glen Moore
Trios / Solos

ECM 1026 1973
D: B&B Wojirsch
Ph: Ed Sherman
AW: Grace Williams
Stanley Cowell Trio
Illusion Suite

ECM 1029 1973
D: B&B Wojirsch
Jan Garbarek / Arild Andersen /
Edward Vesala
Triptykon

ECM 1032 1974
D: B&B Wojirsch
Ralph Towner
Diary

ECM 1038 1974
D / Ph: Frieder Grindler
Art Lande / Jan Garbarek
Red Lanta

ECM 1027 1973
D: Barbara Wojirsch
AW: D. Holland / Pueblo Designs and
The Book of Signs
David Holland Quartet
Conference Of The Birds

ECM 1030 1973
D: B&B Wojirsch
Gary Burton
The New Quartet

ECM 1033/34 1974
D: B&B Wojirsch
Keith Jarrett
In The Light

ECM 1039 1974
D: B&B Wojirsch
Ph: Nele Maar
Dave Liebman
Lookout Farm

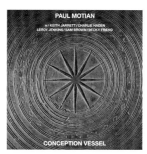

ECM 1028 1973
D: B&B Wojirsch
Ph: Paul Motian
Paul Motian
Conception Vessel

ECM 1031 1974
D / Ph: Frieder Grindler
Terje Rypdal
What Comes After

ECM 1035–37 1973
D: B&B Wojirsch
Keith Jarrett
Solo-Concerts Bremen / Lausanne

ECM 1040 1974
D: Frieder Grindler
Gary Burton
Seven Songs For Quartet And
Chamber Orchestra

ECM 1041 1974
D: B&B Wojirsch
Ph: Paul Maar
Jan Garbarek / Bobo Stenson Quartet
Witchi-Tai-To

ECM 1042 1974
AW: Maja Weber
Eberhard Weber
The Colours of Chloë

ECM 1043 1974
D: Betye Saar
Ph: James Lott
Bennie Maupin
The Jewel In The Lotus

ECM 1044 1974
D: B&B Wojirsch
Ph: Tadayuki Naito
Julian Priester
Love, Love

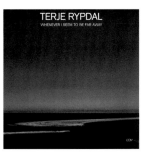

ECM 1045 1974
D: Dieter Bonhorst
Ph: Tadayuki Naito
Terje Rypdal
Whenever I Seem To Be Far Away

ECM 1046 1975
AW: Eugene Gregan
Dave Liebman
Drum Ode

ECM 1047 1975
D: Rolf Liese
John Abercrombie
Timeless

ECM 1048 1975
D: B&B Wojirsch
Paul Motian
Tribute

ECM 1049 1975
D: B&B Wojirsch
Keith Jarrett / Jan Garbarek
Luminessence

ECM 1050 1974
D: B&B Wojirsch
Ph: Tadayuki Naito
Keith Jarrett / Jan Garbarek /
Palle Danielsson / Jon Christensen
Belonging

ECM 1051 1974
D: Frieder Grindler
Ph: Tadayuki Naito
The Gary Burton Quintet with
Eberhard Weber
Ring

ECM 1052 1975
D / Ph: Frieder Grindler
Steve Kuhn
Trance

ECM 1053 1975
D: B&B Wojirsch
Ph: Tadayuki Naito
Michael Naura
Vanessa

ECM 1054 1975
D: B&B Wojirsch
AW: Eugene Gregan
Richard Beirach
Eon

ECM 1055 1975
D: B&B Wojirsch
Ph: Nick Passmore / Walter
Urbanowicz
Gary Burton / Steve Swallow
Hotel Hello

ECM 1056 1975
D: B&B Wojirsch
Ralph Towner / Gary Burton
Matchbook

ECM 1057 1975
D: Frieder Grindler
Bill Connors
Theme To The Guardian

ECM 1058 1975
D: Dieter Bonhorst
AW: Maja Weber
Steve Kuhn
Ecstasy

ECM 1059 1975
D: B&B Wojirsch
Ph: Niels Hartmann
Arild Andersen
Clouds In My Head

ECM 1060 1975
D: Dieter Bonhorst
Ph: Rainer Kiedrowski
Ralph Towner
Solstice

ECM 1061 1975
D: Dieter Bonhorst
AW: Maja Weber
John Abercrombie / Dave Holland /
Jack DeJohnette
Gateway

ECM 1062 1976
D: Dieter Bonhorst
Ph: Tadayuki Naito
Collin Walcott
Cloud Dance

ECM 1063 1975
D / Ph: Giuseppe Pino
Enrico Rava
The Pilgrim And The Stars

ECM 1064/65 1975
D: B&B Wojirsch
Ph: Wolfgang Frankenstein
Keith Jarrett
The Köln Concert

ECM 1066 1976
D: Dieter Bonhorst
AW: Maja Weber
Eberhard Weber
Yellow Fields

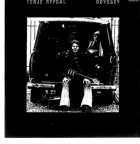

ECM 1067/68 1975
D: Barbara Wojirsch
Ph: Giuseppe Pino
Terje Rypdal
Odyssey

ECM 1069 1976
D: Barbara Wojirsch
Ph: Tadayuki Naito
Kenny Wheeler
Gnu High

ECM 1070 1976
D: Dieter Bonhorst
AW: Rolf Liese
Keith Jarrett
Arbour Zena

ECM 1071 1976
D: Dieter Bonhorst
Ph: Rainer Kiedrowski
Tomasz Stanko
Balladyna

ECM 1072 1976
D: Dieter Bonhorst
Ph: Rainer Kiedrowski
Gary Burton Quintet
Dreams So Real

ECM 1073 1976
D: Dieter Bonhorst
Ph: Rainer Kiedrowski
Pat Metheny
Bright Size Life

ECM 1074 1976
D: Frieder Grindler
Jack DeJohnette’s Directions
Untitled

ECM 1075 1976
D: Frieder Grindler
Jan Garbarek / Bobo Stenson Quartet
Dansere

ECM 1076 1976
D: Frieder Grindler
Barre Phillips
Mountainscapes

ECM 1077 1976
D: Dieter Bonhorst
Ph: Pawel Lucki
Edward Vesala
Nan Madol

ECM 1078 1977
D: Beatrize Vidal
Enrico Rava
The Plot

ECM 1079 1977
D: Dieter Bonhorst
Ph: Roberto Masotti
Jack DeJohnette
Pictures

ECM 1080 1976
D: Barbara Wojirsch
Ph: Franco Fontana
John Abercrombie / Ralph Towner
Sargasso Sea

ECM 1081 1976
D: Barbara Wojirsch
Ph: Franco Fontana
Art Lande
Rubisa Patrol

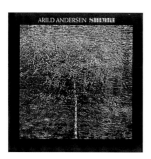

ECM 1082 1977
D: Dieter Bonhorst
Ph: Lajos Keresztes
Arild Andersen
Shimri

ECM 1083 1976
D: Dieter Bonhorst
Ph: Franco Fontana
Terje Rypdal
After The Rain

ECM 1084 1977
D: Dieter Bonhorst
AW: Maja Weber
Eberhard Weber
The Following Morning

ECM 1085 1977
D: Barbara Wojirsch
Ph: Keith Jarrett
Keith Jarrett
The Survivors' Suite

ECM 1086/87 1976
D: Barbara Wojirsch
Keith Jarrett
Hymns / Spheres

ECM 1088 1977
D: Dieter Bonhorst
Ph: Lajos Keresztes
Edward Vesala
Satu

ECM 1089 1977
D: Dieter Bonhorst
Ph: Lajos Keresztes
Egberto Gismonti
Dança Das Cabeças

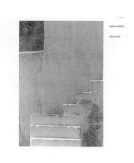

ECM 1090/91 1977
D: Barbara Wojirsch
Ph: Franco Fontana
Keith Jarrett
Staircase

ECM 1092 1977
D: Dieter Bonhorst
Ph: Lajos Keresztes
The Gary Burton Quartet with
Eberhard Weber
Passengers

ECM 1093 1977
D: Barbara Wojirsch
Ph: Franco Fontana
Jan Garbarek
Dis

ECM 1094 1977
D: Dieter Bonhorst
AW: Maja Weber
Steve Kuhn and Ecstasy
Motility

ECM 1095 1977
D: Barbara Wojirsch
Ralph Towner / Solstice
Sound And Shadows

ECM 1096 1977
D: Dieter Bonhorst
Ph: Franco Fontana
Collin Walcott
Grazing Dreams

ECM 1097 1977
D: Dieter Bonhorst
Ph: Lajos Keresztes
Pat Metheny
Watercolors

ECM 1098 1977
D: Frieder Grindler
Julian Priester and Marine Intrusion
Polarization

ECM 1099 1977
D: Barbara Wojirsch
Ph: Otl Aicher
John Taylor / Norma Winstone /
Kenny Wheeler
Azimuth

ECM 1100 1978
D: Barbara Wojirsch
Keith Jarrett
Sun Bear Concerts

ECM 1101 1977
D: Barbara Wojirsch
AW: Nancy Brown Peacock
Gary Peacock
Tales of Another

ECM 1102 1978
D: Barbara Wojirsch
Ph: Klaus Knaup
Kenny Wheeler
Deer Wan

ECM 1103 1977
D: Dieter Bonhorst
Ph: Lajos Keresztes
Jack DeJohnette's Directions
New Rags

ECM 1104 1978
D: Dieter Bonhorst
Ph: Lajos Keresztes
Richard Beirach
Hubris

ECM 1105 1978
D: Dieter Bonhorst
Ph: Michael Heeg
John Abercrombie / Dave Holland /
Jack DeJohnette
Gateway 2

ECM 1106 1978
D: Dieter Bonhorst
Ph: Georg Gerster
Art Lande and Rubisa Patrol
Desert Marauders

ECM 1107 1978
D: Dieter Bonhorst
AW: Maja Weber
Eberhard Weber Colours
Silent Feet

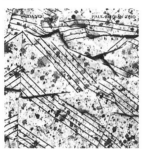

ECM 1108 1978
D: Kenneth Hunter
Paul Motian Trio
Dance

ECM 1109 1978
D: Barbara Wojirsch
Dave Holland
Emerald Tears

ECM 1110 1978
D: Barbara Wojirsch
Ph: Klaus Knaup
Terje Rypdal
Waves

ECM 1111 1978
D: Barbara Wojirsch
Ph: Signe Mähler
Gary Burton
Times Square

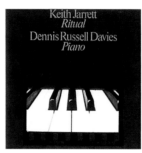

ECM 1112 1982
D: Barbara Wojirsch
Ph: Signe Mähler
Keith Jarrett: Ritual
Dennis Russel Davies: Piano

ECM 1113 1978
D: Dieter Bonhorst
Ph: Franco Fontana
Tom van der Geld and Children At Play
Patience

ECM 1114 1978
D: Barbara Wojirsch
Pat Metheny Group

ECM 1115 1978
D: Barbara Wojirsch
Ph: Keith Jarrett
Keith Jarrett
My Song

ECM 1116 1978
D: Barbara Wojirsch
Ph: Egberto Gismonti
Egberto Gismonti
Sol Do Meio Dia

ECM 1117 1978
D: Barbara Wojirsch
Ph: Don Leavitt
John Abercrombie
Characters

ECM 1118 1978
D: Barbara Wojirsch
Ph: Klaus Knaup
Jan Garbarek
Places

ECM 1119 1979
D: Barbara Wojirsch
AW: Nancy Brown Peacock
Gary Peacock
December Poems

ECM 1120 1978
D: Barbara Wojirsch
Ph: Daniel Lienhard
Bill Connors
Of Mist And Melting

ECM 1121 1978
D: Barbara Wojirsch
AW: Armin Lambert
Ralph Towner / Eddie Gomez /
Jack DeJohnette
Batik

ECM 1122 1978
D: Barbara Wojirsch
Enrico Rava Quartet

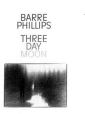

ECM 1123 1978
D: Barbara Wojirsch
Ph: Mikko Hietaharju
Barre Phillips
Three Day Moon

ECM 1124 1978
D: Barbara Wojirsch
Ph: Klaus Frahm
Steve Kuhn
Non-Fiction

ECM 1125 1979
Ph: Dieter Rehm
Terje Rypdal / Miroslav Vitous /
Jack DeJohnette

ECM 1126 1979
D: Barbara Wojirsch
Ph: Isio Saba
Art Ensemble of Chicago
Nice Guys

ECM 1127 1978
D: Barbara Wojirsch
Ph: Karl Kempf
Arild Andersen Quartet
Green Shading Into Blue

ECM 1128 1978
D: Dieter Bonhorst
Ph: Roberto Masotti
Jack DeJohnette
New Directions

ECM 1129 1978
D: Paula Bisacca
AW: Beryl Korot
Steve Reich
Music for 18 Musicians

ECM 1130 1978
D: Barbara Wojirsch
Ph: Dieter Rehm
Azimuth
The Touchstone

ECM 1131 1979
D / Ph: Dieter Rehm
Pat Metheny
New Chautauqua

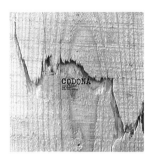

ECM 1132 1979
D / Ph: Frieder Grindler
Collin Walcott / Don Cherry /
Nana Vasconcelos
Codona

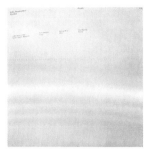

ECM 1133 1979
D: Barbara Wojirsch
Ph: Dieter Rehm
John Abercrombie Quartet
Arcade

ECM 1134 1979
D: Dieter Rehm
Ph: Klaus Frahm
Tom van der Geld / Bill Connors /
Roger Jannotta
Path

ECM 1135 1979
D: Barbara Wojirsch
Ph: Eberhard Grames, Michael Heeg
Jan Garbarek Group
Photo with ...

ECM 1136 1979
D: Barbara Wojirsch
Ph: Wilton Montenegro
Egberto Gismonti
Solo

ECM 1137 1979
D: Maja Weber
Eberhard Weber
Fluid Rustle

ECM 1138 1979
D: Dani Lienhard
Ph: Tadayuki Naito
Paul Motian Trio
Le Voyage

ECM 1139 1979
D: Dieter Rehm
Ph: Roberto Masotti
Mick Goodrick
In Pas(s)ing

ECM 1140 1979
D: Frieder Grindler
Ph: Tadayuki Naito
Gary Burton / Chick Corea
Duet

ECM 1141 1979
D / Ph: Frieder Grindler
George Adams
Sound Suggestions

ECM 1142 1979
D / Ph: Dieter Rehm
Richard Beirach
Elm

ECM 1143 1979
D: Peter Brötzmann
Ph: Roberto Masotti
Leo Smith
Divine Love

ECM 1144 1980
D / Ph: Dieter Rehm
Terje Rypdal
Descendre

ECM 1145 1980
D: Jürgen Peschel
Ph: Joel Meyerowitz
Miroslav Vitous
First Meeting

ECM 1146 1979
D: Barbara Wojirsch
Ph: Christian Vogt
Double Image
Dawn

ECM 1147 1980
D: Horst Moser
Nana Vasconcelos
Saudades

ECM 1148 1979
D: Dieter Rehm
Ph: Christian Vogt
John Surman
Upon Reflection

ECM 1149 1980
D: Barbara Wojirsch
AW: R. Balestra
Barre Phillips
Journal Violone II

ECM 1150 1979
D: Barbara Wojirsch
Ph: Keith Jarrett
Keith Jarrett
Eyes Of The Heart

ECM 1151 1980
D: Barbara Wojirsch
Ph: Herbert Wenn
Charlie Haden / Jan Garbarek /
Egberto Gismonti
Magico

ECM 1152 1980
D: Klaus Detjen
Jack DeJohnette
Special Edition

ECM 1153 1979
D: Barbara Wojirsch
Ph: Laurence D'Amico
Ralph Towner
Old Friends, New Friends

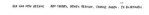

ECM 1154 1979
D: Barbara Wojirsch
Ph: Herbert Wenn
Don Cherry / Dewey Redman /
Charlie Haden / Ed Blackwell
Old And New Dreams

ECM 1155 1979
D: Basil Pao
Ph: Joel Meyerowitz
Pat Metheny Group
American Garage

ECM 1156 1980
D: Dieter Rehm
Ph: Christian Vogt
Kenny Wheeler
Around 6

ECM 1157 1980
D: Dieter Rehm
Jack DeJohnette / New Directions
In Europe

ECM 1158 1980
D: Barbara Wojirsch / Dieter Rehm
Ph: Joel Meyerowitz
Bill Connors
Swimming With A Hole In My Body

ECM 1159 1980
D: Jürgen Peschel
Ph: Joel Meyerowitz
Steve Kuhn / Sheila Jordan Band
Playground

ECM 1160 1980
D: Barbara Wojirsch
Ph: Joel Meyerowitz
Steve Swallow
Home

ECM 1161 1980
D: Klaus Detjen
David Darling
Journal October

ECM 1162 1980
D / Ph: Dieter Rehm
Sam Rivers
Contrasts

ECM 1163 1980
D: Jürgen Peschel
Ph: Volker Hilgert
Azimuth with Ralph Towner
Départ

ECM 1164 1980
D / Ph: Dieter Rehm
John Abercrombie
Abercrombie Quartet

ECM 1165 1981
D: Barbara Wojirsch
Ph: Gary Beydler
Gary Peacock
Shift In The Wind

ECM 1166 1980
D: Dieter Rehm
AW: Michelangelo Pistoletto
Enrico Rava Quartet
AH

ECM 1167 1980
D: Dieter Rehm
Ph: Tadayuki Naitoh
Art Ensemble of Chicago
Full Force

ECM 1168 1980
D: Barbara Wojirsch
Steve Reich
Octet / Music for a Large Ensemble /
Violin Phase

ECM 1169 1980
D: Barbara Wojirsch
Jan Garbarek / Kjell Johnsen
Aftenland

ECM 1170 1981
D: Barbara Wojirsch
AW: Ana Maria Miranda
Charlie Haden / Jan Garbarek /
Egberto Gismonti
Folk Songs

ECM 1171/72 1980
D: Barbara Wojirsch
Keith Jarrett
Nude Ants

ECM 1173 1980
D: Barbara Wojirsch
AW: Michel Delprète
Ralph Towner
Solo Concert

ECM 1174 1980
D: Barbara Wojirsch
G.I. Gurdjieff
Sacred Hymns

ECM 1175 1980
D: Barbara Wojirsch
Keith Jarrett
The Celestial Hawk

ECM 1176 1981
D / Ph: Dieter Rehm
John Clark
Faces

ECM 1177 1981
D: Barbara Wojirsch
Collin Walcott / Don Cherry /
Nana Vasconcelos
Codona 2

361

ECM 1178 1981
D/Ph: Klaus Detjen
Barre Phillips
Music By …

ECM 1179 1982
D: Barbara Wojirsch
Ph: Bengt Berger
Bengt Berger
Bitter Funeral Beer

ECM 1180/81 1980
D: Barbara Wojirsch
Pat Metheny
80/81

ECM 1182/83 1980
D/Ph: Dieter Rehm
Chick Corea/Gary Burton
In Concert, Zürich, October 28, 1979

ECM 1184 1981
D/Ph: Klaus Detjen
Gary Burton Quartet
Easy As Pie

ECM 1185 1981
D: Dieter Rehm
Ph: Gabor Attalai
Miroslav Vitous Group

ECM 1186 1980
D: Maja Weber
Eberhard Weber Colours
Little Movements

ECM 1187 1981
D: Dieter Rehm
Ph: Christian Vogt
Rainer Brüninghaus
Freigeweht

ECM 1188 1981
D: Klaus Detjen
Ph: Gabor Attalai
Arild Andersen
Lifelines

ECM 1189 1981
D: Barbara Wojirsch
Ph: Roberto Masotti
Jack DeJohnette's Special Edition
Tin Can Alley

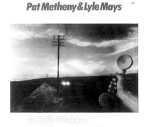

ECM 1190 1981
D: Barbara Wojirsch
Ph: Klaus Frahm
Pat Metheny & Lyle Mays
As Falls Wichita, So Falls Wichita Falls

ECM 1191 1981
D: Barbara Wojirsch
Abercrombie Quartet
M

ECM 1192 1981
D: Klaus Detjen
Ph: Milan Horacek
Terje Rypdal / Miroslav Vitous /
Jack DeJohnette
To Be Continued

ECM 1193 1981
D: Susan Nash
Ph: Christian Vogt
John Surman / Jack DeJohnette
The Amazing Adventures Of Simon
Simon

ECM 1194 1981
D / Ph: Dieter Rehm
First Avenue

ECM 1195 1981
D: Barbara Wojirsch
Shankar
Who's To Know

ECM 1196 1981
D: Herbert Distel
Thomas Demenga / Heinz Reber
Cellorganics

ECM 1197 1981
D: Barbara Wojirsch
Ph: Sarah van Ouwekerk
Meredith Monk
Dolmen Music

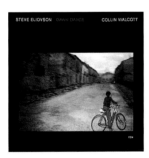

ECM 1198 1981
D: Klaus Detjen
Ph: Paul Maxon
Steve Eliovson
Dawn Dance

ECM 1199 1981
D / Ph: Dieter Rehm
Katrina Krimsky / Trevor Watts
Stella Malu

ECM 1200 1981
D: Barbara Wojirsch
Ph: Frank Albiez
Jan Garbarek
Eventyr

ECM 1201/02 1981
D: Barbara Wojirsch
Ph: Gabor Attalai
Keith Jarrett
Invocations / The Moth And The Flame

ECM 1203/04 1981
D: Barbara Wojirsch
Ph: Milton Montenegro
Egberto Gismonti & Academia de
Danças
Sanfona

ECM 1205 1981
D: Barbara Wojirsch
Ph: Luigi Ghirri
Old And New Dreams
Playing

ECM 1206 1981
D: Barbara Wojirsch
Ph: Mikko Hietaharju
Gallery

ECM 1207 1982
D: Barbara Wojirsch
Ph: Mikko Hietaharju
Ralph Towner / John Abercrombie
Five Years Later

ECM 1208 1982
D: Barbara Wojirsch
Ph: Klaus Frahm
Art Lande / David Samuels /
Paul McCandless
Skylight

ECM 1209 1981
D / Ph: Dieter Rehm
Lester Bowie
The Great Pretender

ECM 1210 1982
D / Ph: Dieter Rehm
Gary Peacock
Voice From The Past - Paradigm

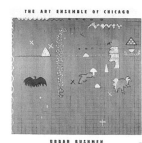

ECM 1211/12 1982
D: Barbara Wojirsch
AW: Emilio Cruz
Art Ensemble of Chicago
Urban Bushmen

ECM 1213 1982
D: Barbara Wojirsch
Ph: Richard Sudhalter
Steve Kuhn Quartet
Last Year's Waltz

ECM 1214 1982
D: Barbara Wojirsch
AW: Jacques Mercier
James Newton
Axum

ECM 1215 1982
D: Paula Bisacca Inc.
Steve Reich
Tehillim

ECM 1216 1982
D: Dieter Rehm
AW: Gerd Winner
Pat Metheny Group
Offramp

ECM 1217 1982
D / Ph: Herbert Bardenheuer
Ulrich P. Lask
Lask

ECM 1218 1982
D / Ph: Dieter Rehm
Steve Tibbetts
Northern Song

ECM 1219 1982
D: Susan Nash
Ph: Christian Vogt
David Darling
Cycles

ECM 1220 1982
D: Barbara Wojirsch
Ph: Frank Albiez
Mike Nock
Ondas

ECM 1221 1982
D: Dieter Rehm
Ph: Christian Vogt
Adelhard Roidinger
Schattseite

ECM 1222 1982
D / Ph: Dieter Rehm
Paul Motian Band
Psalm

ECM 1223 1982
D: Barbara Wojirsch
Ph: Petra Nettelbeck
Jan Garbarek
Paths, Prints

ECM 1224 1982
D: Klaus Detjen
Ph: Milan Horacek
Enrico Rava Quartet
Opening Night

ECM 1225 1982
D: Barbara Wojirsch
Ph: Norbert Klinge
Dewey Redman Quartet
The Struggle Continues

ECM 1226 1982
D: Barbara Wojirsch
AW: John Kalamaras
Gary Burton Quartet
Picture This

ECM 1227–29 1982
D: Barbara Wojirsch
Keith Jarrett
Concerts

ECM 1230 1982
D: Barbara Wojirsch
Don Cherry / Ed Blackwell
El Corazón

ECM 1231 1982
D / AW: Maja Weber
Eberhard Weber
Later That Evening

ECM 1232/33 1982
D: Klaus Detjen
Chick Corea / Miroslav Vitous /
Roy Haynes
Trio Music

ECM 1234 1982
D / Ph: Dieter Rehm
Everyman Band

ECM 1235 1982
D: Barbara Wojirsch
Ph: Tom Zetterstrom
Hajo Weber / Ulrich Ingenbold
Winterreise

ECM 1236 1982
D: Barbara Wojirsch
Arild Andersen
A Molde Concert

ECM 1237 1983
D: Barbara Wojirsch
Werner Pirchner / Harry Pepl /
Jack DeJohnette

ECM 1238 1983
D: Barbara Wojirsch
David Holland
Life Cycle

ECM 1239 1983
D: Barbara Wojirsch
Denny Zeitlin / Charlie Haden
Time Remembers One Time Once

ECM 1240 1983
D: Barbara Wojirsch
Ph: Sarah van Ouwekerk
Meredith Monk
Turtle Dreams

ECM 1241 1983
D: Maja Weber
Bill Frisell
In Line

ECM 1242 1982
D: Barbara Wojirsch
Ph: Dag Alveng
Miroslav Vitous
Journey's End

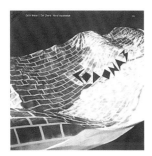

ECM 1243 1983
D: Barbara Wojirsch
Ph: Moki Cherry
Collin Walcott / Don Cherry /
Nana Vasconcelos
Codona 3

ECM 1244 1983
D: Klaus Detjen
Ph: Karen Schoonmaker
Jack DeJohnette's Special Edition
Inflation Blues

ECM 1245 198
D: Dieter Rehm
Ph: Mark Nelson
Michael Galasso
Scenes

366

ECM 1246/47 1983
D: Barbara Wojirsch
Ph: unknown
Lester Bowie
All The Magic!

ECM 1248 1983
D: Barbara Wojirsch
Charlie Haden
The Ballad Of The Fallen

ECM 1249 1983
D: Dieter Rehm
Ph: Ralph Quinke
Harald Weiss
Trommelgeflüster

ECM 1250 1983
D: Barbara Wojirsch
Ph: Steve Miller
Ralph Towner
Blue Sun

ECM 1251 1983
D: Dieter Rehm
Ph: Steve Miller
Dino Saluzzi
Kultrum

ECM 1252/53 1983
D: Dieter Rehm
Ph: Dieter Rehm / Milan Horacek /
Dieter Jähnig
Pat Metheny Group
Travels

ECM 1254 1983
D: Dieter Rehm
Ph: Jim Bengston
John Surman
Such Winters of Memory

ECM 1255 1983
D: Barbara Wojirsch
Keith Jarrett / Gary Peacock /
Jack DeJohnette
Standards, Vol. 1

ECM 1256 1983
D / Ph: Dieter Rehm
Charlie Mariano & The Karnataka
College Of Percussion
Jyothi

ECM 1257 1984
D: Barbara Wojirsch
Barre Phillips
Call Me When You Get There

ECM 1258 1983
D: Barbara Wojirsch
Ph: Gabor Attalai
Oregon

ECM 1259 1983
D: Barbara Wojirsch
Ph: Monika Hasse
Jan Garbarek Group
Wayfarer

ECM 1260 1983
D: Dieter Rehm
Ph: Hubertus Mall
Chick Corea / Gary Burton
Lyric Suite for Sextet

ECM 1261 1984
D: Barbara Wojirsch
Ph: Petra Nettelbeck
Shankar
Vision

ECM 1262 1984
D: Barbara Wojirsch
Kenny Wheeler
Double, Double You

ECM 1263 1984
D / Ph: Dieter Rehm
Terje Rypdal / David Darling
Eos

ECM 1264 1984
D: Barbara Wojirsch
Ph: Steve Miller
Alfred Harth
This Earth!

ECM 1265 1984
D: Barbara Wojirsch
The George Gruntz Concert Jazz Band
Theatre

ECM 1266 1984
D / Ph: Dieter Rehm
Rainer Brüninghaus / Markus
Stockhausen / Fredy Studer
Continuum

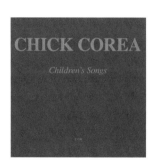

ECM 1267 1984
D: Barbara Wojirsch
Chick Corea
Children's Songs

ECM 1268 1984
D: Herbert Bardenheuer
Ulrich P. Lask
Lask 2: Sucht + Ordnung

ECM 1269 1984
D: Barbara Wojirsch
Dave Holland Quintet
Jumpin' In

ECM 1270 1984
D: Dieter Rehm
Ph: Bill Tilton
Steve Tibbetts
Safe Journey

ECM 1271 1984
D: Barbara Wojirsch
Pat Metheny
Rejoicing

ECM 1272 1984
D / Ph: Dieter Rehm
John Abercrombie
Night

ECM 1273 1985
D: Barbara Wojirsch
AW: Roscoe E. Mitchell
Art Ensemble of Chicago
The Third Decade

ECM 1274 1984
D: Klaus Detjen
Pierre Favre Ensemble
Singing Drums

ECM New Series 1275 1984
D: Barbara Wojirsch
Arvo Pärt
Tabula Rasa

ECM 1276 1984
D: Barbara Wojirsch
Ph: Rose Anne Colavito
Keith Jarrett / Gary Peacock /
Jack DeJohnette
Changes

ECM New Series 1277 1984
D: Barbara Wojirsch
Ph: Jim Bengston
John Adams
Harmonium

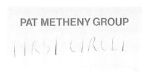

ECM 1278 1984
D: Barbara Wojirsch
Pat Metheny Group
First Circle

ECM 1279 1985
D: Barbara Wojirsch
Egberto Gismonti / Nana Vasconcelos
Duas Vozes

ECM 1280 1984
D: Barbara Wojirsch
Ph: Karen Schoonmaker
Jack DeJohnette's Special Edition
Album Album

ECM New Series 1281 1985
D: Dieter Rehm
Ph: Hanns-Peter Huss
Michael Fahres
Piano. Harfe

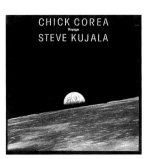

ECM 1282 1985
D: Barbara Wojirsch
Ph: NASA
Chick Corea / Steve Kujala
Voyage

ECM 1283 1985
D: Barbara Wojirsch
Ph: Paul Motian
Paul Motian Trio
It Should've Happened
A Long Time Ago

ECM 1284 1985
D / Ph: Dieter Rehm
David Torn
Best Laid Plans

ECM New Series 1285 1984
D: Barbara Wojirsch
Hölderlin: Gedichte
Bruno Ganz

1984
D: Dieter Rehm
AW: Gerd Winner
Gary Burton
Works

1984
D: Dieter Rehm
AW: Gerd Winner
Jan Garbarek
Works

1984
D: Dieter Rehm
AW: Gerd Winner
Egberto Gismonti
Works

1984
D: Dieter Rehm
AW: Gerd Winner
Pat Metheny
Works

1984
D: Dieter Rehm
AW: Gerd Winner
Ralph Towner
Works

ECM 1286 1985
D: Dieter Rehm
Ph: Petra Nettelbeck
Shankar
Song for Everyone

ECM 1287 1985
D: J. R. Clare
Bill Frisell
Rambler

ECM 1288 1985
D / AW: Maja Weber
Eberhard Weber
Chorus

ECM 1289 1985
D: Barbara Wojirsch
Keith Jarrett / Gary Peacock /
Jack DeJohnette
Standards, Vol. 2

ECM 1290 1985
D: Dieter Rehm
AW: Gerd Winner
Everyman Band
Without Warning

ECM 1291 1985
D: Barbara Wojirsch
Ph: Jo Härting
Oregon
Crossing

ECM 1292 1985
D: Barbara Wojirsch
Dave Holland Quintet
Seeds of Time

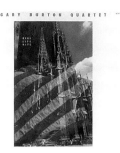

ECM 1293 1985
D: Dieter Rehm
Ph: Michael Penner
Gary Burton Quartet
Real Life Hits

ECM 1294 1985
D: Barbara Wojirsch
Jan Garbarek Group
It's OK To Listen To The Gray Voice

ECM 1295 1985
D: Dieter Rehm
Ph: Christian Vogt
John Surman
Withholding Pattern

ECM 1296 1985
D: Dieter Rehm
Ph: Karl Johnson
Lester Bowie's Brass Fantasy
I Only Have Eyes for You

ECM 1297 1985
D: Barbara Wojirsch
Chick Corea
Septet

ECM 1298 1985
D: Dieter Rehm
Ph: Christian Vogt
Azimuth
Azimuth '85

ECM 1299 1986
D: Dieter Rehm
Ph: Mikko Hietaharju
Mark Johnson
Bass Desires

ECM 1302 1985
D: Barbara Wojirsch
Keith Jarrett
Spheres

ECM 1303 1985
D/Ph: Dieter Rehm
Terje Rypdal
Chaser

ECM New Series 1304/05 1985
D: Barbara Wojirsch
Gidon Kremer
Edition Lockenhaus, Vol. 1 & 2

1985
D: Dieter Rehm
AW: Gerd Winner
Chick Corea
Works

1985
D: Dieter Rehm
AW: Gerd Winner
Jack DeJohnette
Works

1985
D: Dieter Rehm
AW: Gerd Winner
Keith Jarrett
Works

1985
D: Dieter Rehm
AW: Gerd Winner
Terje Rypdal
Works

1985
D: Dieter Rehm
AW: Gerd Winner
Eberhard Weber
Works

ECM 1306 1986
D: Barbara Wojirsch
Ralph Towner / Gary Burton
Slide Show

ECM 1307 1986
D: Barbara Wojirsch
First House
Eréndira

ECM 1308 1986
D: Dieter Rehm
Ph: Mikko Hietaharju
Shankar / Caroline
The Epidemics

ECM 1309 1986
D: Barbara Wojirsch
Ph: Werner Hannappel
Dino Saluzzi
Once Upon A Time - Far Away In The
South

ECM 1310 1986
D: Daniel Sandner
Chick Corea / Miroslav Vitous /
Roy Haynes
Trio Music, Live in Europe

ECM 1311 1986
D: Dieter Rehm
AW: Gerd Winner
John Abercrombie
Current Events

ECM 1312 1986
D: Barbara Wojirsch
Ph: Werner Hannappel
Miroslav Vitous
Emergence

ECM New Series 1314/15 1986
D: Dieter Rehm
Ph: Sepp Hofer
Werner Pirchner
EU

ECM New Series 1316 1986
D: Barbara Wojirsch
AW: Eduard Micus
Kim Kashkashian / Robert Levin
Elegies

ECM 1317 1986
AW: Franz Kafka
Keith Jarrett
Standards Live

ECM 1318 1986
D / Ph: Dieter Rehm
Stephan Micus
Ocean

ECM 1319 1986
D: Dieter Rehm
Ph: Baba Naoki
Masqualero
Bande À Part

ECM 1320 1986
D: Barbara Wojirsch
AW: Burkhart Wojirsch
Paul Bley
Fragments

ECM 1321 1988
D / Ph: Dieter Rehm
John Abercrombie
Getting There

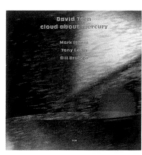

ECM 1322 1987
D: Dieter Rehm
David Torn
Cloud About Mercury

ECM New Series 1323 1986
D: Barbara Wojirsch
Gavin Bryars
Three Viennese Dancers

ECM 1324 1987
D: Barbara Wojirsch
Ph: Steinar Berger
Jan Garbarek
All Those Born With Wings

ECM New Series 1325 1987
D: Barbara Wojirsch
Arvo Pärt
Arbos

ECM 1326 1986
D: Dieter Rehm
Lester Bowie / Brass Fantasy
Avant Pop

ECM 1327 1986
D: Dieter Rehm
AW: Traditional Navajo sandpainting
Jon Hassell
Power Spot

ECM New Series 1328 1986
D: Barbara Wojirsch
Gidon Kremer / Edition Lockenhaus,
Vol. 3
Franz Schubert: Sonate B-Dur D 960
Valery Afanassiev

ECM 1329 1987
D / Ph: Dieter Rehm
Gary Burton Quintet
Whiz Kids

ECM New Series 1330–32 1988
D: Barbara Wojirsch
Ph: Dikran Kashkashian
Paul Hindemith
Viola Sonatas
Kim Kashkashian / Robert Levin

Keith Jarrett

ECM 1333/34 1986
D: Barbara Wojirsch
Keith Jarrett
Spirits

ECM 1335 1986
D: Dieter Rehm
Ph: Gabor Attalai
Steve Tibbetts
Exploded View

ECM New Series 1336 1987
D: Barbara Wojirsch
Meredith Monk
Do You Be

ECM 1337 1987
D: Barbara Wojirsch
Ph: Caroline Forbes
Norma Winstone
Somewhere Called Home

ECM 1338 1987
D: Dieter Rehm
Ph: Christian Vogt
Mark Isham / Art Lande
We Begin

ECM 1339 1987
D: Dieter Rehm
Ph: Morten Haug
Edward Vesala
Lumi

ECM 1340 1987
D: Dieter Bonhorst
Thomas Demenga
Johann Sebastian Bach / Heinz
Holliger

ECM 1341 1987
D: Barbara Wojirsch
Ph: Werner Hannappel
Thomas Tallis
The Lamentations of Jeremiah
The Hilliard Ensemble

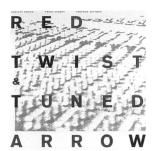

ECM 1342 1987
D: Kurt Eckert
Christy Doran / Fredy Studer /
Stephan Wittwer
Red Twist & Tuned Arrow

ECM 1343 1988
D: Dieter Bonhorst
Ph: Werner Hannappel
Enrico Rava / Dino Saluzzi Quintet
Volver

ECM 1344/45 1987
D: Barbara Wojirsch
Keith Jarrett
Book Of Ways

ECM 1346 1987
D / Ph: Dieter Rehm
Terje Rypdal & The Chasers
Blue

ECM 1347/48 1988
D: Barbara Wojirsch
Gidon Kremer
Edition Lockenhaus, Vol. 4 & 5

ECM 1349 1987
D: Dieter Rehm
Ph: Christian Vogt
Zakir Hussain
Making Music

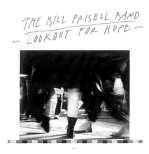

ECM 1350 1988
D: Barbara Wojirsch
Ph: Mark Brown
The Bill Frisell Band
Lookout For Hope

ECM 1351 1987
D / Ph: Dieter Rehm
Marc Johnson's Bass Desires
Second Sight

ECM 1352 1987
D: Barbara Wojirsch
Ph: Christian Lichtenberg
Gary Peacock
Guamba

ECM 1353 1987
D: Barbara Wojirsch
Dave Holland Quintet
The Razor's Edge

ECM 1354 1987
D: Barbara Wojirsch
Oregon
Ecotopia

ECM 1355 1988
D / Ph: Dieter Rehm
Steve Tibbetts
Yr

ECM 1356 1988
D / Ph: Norbert Klinge
Harry Pepl / Herbert Joos /
Jon Christensen
Cracked Mirrors

ECM 1357 1988
D / Ph: Dieter Rehm
Hans Koch / Martin Schütz /
Marco Käppeli
Accélération

ECM 1358 1988
D: Dieter Rehm
Ph: Guido Mangold
Stephan Micus
Twilight Fields

ECM 1359 1988
D / Ph: Dieter Rehm
Rabih Abou-Khalil
Nafas

ECM 1360/61 1988
D: Barbara Wojirsch
Ph: Rose Anne Colavito
Keith Jarrett / Gary Peacock /
Jack DeJohnette
Still Live

ECM New Series 1362/63 1988
D: Barbara Wojirsch
Johann Sebastian Bach
Das Wohltemperierte Klavier, Buch I
Keith Jarrett

ECM New Series 1364 1988
D / Ph: Dieter Rehm
Tamia / Pierre Favre
de la nuit ... le jour

ECM 1365 1988
D: Dieter Rehm
Ph: Victor Robledo
The Paul Bley Quartet

ECM 1366 1988
D: Dieter Rehm
AW: Ingema Reuter
John Surman
Private City

ECM 1367 1988
D / Ph: Dieter Rehm
Masqualero
Aero

ECM New Series 1368 1989
D: Barbara Wojirsch
Ph: Werner Hannappel
Paul Hillier
Proensa

ECM 1369 1988
D: Dieter Rehm
Heiner Goebbels / Heiner Müller
Der Mann im Fahrstuhl / The Man In
The Elevator

ECM New Series 1370 1988
D: Barbara Wojirsch
Arvo Pärt
Passio

ECM 1371 1989
D: Barbara Wojirsch
Markus Stockhausen /
Gary Peacock
Cosi Lontano ... Quasi Dentro

ECM 1372 1989
D: Dani Lienhard
Ph: Jean-Guy Lathuilière
Alex Cline
Th Lamp And The Star

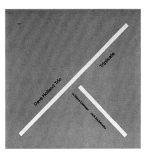

ECM 1373 1988
D: Barbara Wojirsch
Dave Holland Trio
Triplicate

ECM 1374 1988
D: Maja Weber
Eberhard Weber
Orchestra

ECM 1375 1988
D: Barbara Wojirsch
Ph: Manufaktur Lichtblick
Dino Saluzzi
Andina

ECM New Series 1377 1992
D: Barbara Wojirsch
Ph: Caroline Forbes
Mozart / Scelsi / Pärt / Bärtschi / Busoni
Werner Bärtschi

ECM New Series 1378 1991
D / Ph: Dieter Rehm
Heinz Reber
Mnaomai, Mnomai

ECM 1379 1988
D: Barbara Wojirsch
Ph: Christian Vogt
Keith Jarrett
Dark Intervals

ECM 1380 1989
D / Ph: Dieter Rehm
Steve Tibbetts
Big Map Idea

ECM 1381 1988
D: Barbara Wojirsch
Ph: Christian Vogt
Jan Garbarek
Legend Of The Seven Dreams

1988
D / Ph: Dieter Rehm
John Abercrombie
Works

LESTER BOWIE
WORKS   ECM

BILL FRISELL
WORKS   ECM

PAT METHENY
WORKS II   ECM

1988
D/Ph: Dieter Rehm
Lester Bowie
Works

1988
D/Ph: Dieter Rehm
Bill Frisell
Works

1988
D/Ph: Dieter Rehm
Pat Metheny
Works II

COLLIN WALCOTT
WORKS   ECM

1988
D/Ph: Dieter Rehm
Collin Walcott
Works

ECM 1382 1989
D: Barbara Wojirsch
AW: Rose Anne Colavito
Keith Jarrett
Personal Mountains

ECM 1383 1989
D: Dieter Rehm
Ph: Juozas Kazlauskas
Terje Rypdal
The Singles Collection

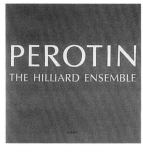

ECM 1384 1989
D: Dieter Rehm
Stephan Micus
The Music Of Stones

ECM New Series 1385 1989
D: Barbara Wojirsch
Perotin
The Hilliard Ensemble

ECM New Series 1386 1989
D: Andrew Ward
Paul Giger
Chartres

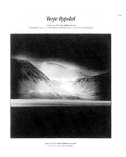

ECM 1387 1989
D: Barbara Wojirsch
AW: Trimano
Egberto Gismonti
Dança dos Escravos

ECM 1388 1989
D: Barbara Wojirsch
Ralph Towner
City Of Eyes

ECM 1389 1990
D: Dieter Rehm
Ph: Juozas Kazlauskas
Terje Rypdal
Undisonus

ECM 1390 1989
D: Barbara Wojirsch
John Abercrombie /
Marc Johnson / Peter Erskine

ECM New Series 1391 1990
D: Dieter Rehm
Ph: Klaus Gaffron
Thomas Demenga
Johann Sebastian Bach / Elliott Carter

ECM 1392 1989
D: Dieter Rehm
AW: Gyokusei Jikihara
Keith Jarrett
Changeless

ECM 1393 1989
D: Dieter Rehm
AW: Ingema Reuter
First House
Cantilena

ECM 1394 1989
D: Dieter Rehm
AW: Linda Sharrock
AM 4
... and she answered

ECM New Series 1395 1989
D: Barbara Wojirsch
Johann Sebastian Bach
Goldberg Variations
Keith Jarrett

ECM 1396 1990
D: Dieter Rehm
Ph: Roberto Masotti
Mikhail Alperin / Arkady Shilkloper
Wave Of Sorrow

ECM 1397 1989
D: Dieter Rehm
AW: Caroline
Shankar
Nobody Told Me

ECM 1398 1990
D: Dieter Rehm
AW: Dorothy Darr
Charles Lloyd Quartet
Fish Out Of Water

ECM New Series 1399 1990
D: Barbara Wojirsch
Ph: Dominique Lasseur
Meredith Monk
Book Of Days

ECM 1401 1990
D: Barbara Wojirsch
Keith Jarrett
Paris Concert

ECM 1402 1989
D: Dieter Rehm
Ph: Juozas Kazlauskas
Agnes Buen Garnås / Jan Garbarek
Rosensfole

ECM 1403 1991
D / Ph: Dieter Rehm
Shankar
M.R.C.S.

ECM 1404 1990
D / Ph: Dieter Rehm
Markus Stockhausen /
Simon Stockhausen / Jo Thönes
Aparis

ECM New Series 1405 1989
D: Barbara Wojirsch
ECM New Series, Anthology

ECM New Series 1406 1992
D: Karlheinz Stockhausen
Karlheinz Stockhausen
Michaels Reise

ECM 1407 1990
D: Barbara Wojirsch
Ph: Jean Pierre Larcher
Shankar
Pancha Nadai Pallavi

ECM 1408 1990
Ph: Caroline Forbes
Sidsel Endresen
So I Write

ECM 1409 1990
D: Jost Gebers
Berlin Contemporary Jazz Orchestra

ECM 1410 1990
D: Barbara Wojirsch
Dave Holland Quartet
Extensions

ECM 1411 1990
D / Ph: Dieter Rehm
John Abercrombie
Animato

ECM New Series 1412 1991
D: Barbara Wojirsch
Walter Fähndrich
Viola

ECM 1413 1990
Ph: Sascha Kleis
Edward Vesala
Ode To The Death Of Jazz

ECM 1415/16 1990
D: Barbara Wojirsch
Kenny Wheeler
Music For Large & Small Ensembles

ECM 1417 1990
Ph: Sascha Kleis
Kenny Wheeler Quintet
The Widow In The Window

ECM 1418 1990
D: Dieter Rehm
AW: Ingema Reuter
John Surman
Road To Saint Ives

ECM 1419 1990
D: Barbara Wojirsch
Jan Garbarek
I Took Up The Runes

ECM 1420/21 1990
D: Barbara Wojirsch
Keith Jarrett / Gary Peacock /
Jack DeJohnette
Tribute

ECM New Series 1422/23 1991
D: Barbara Wojirsch
Ph: Petra Nettelbeck
Gesualdo
Tenebrae
The Hilliard Ensemble

ECM 1424 1991
D: Dieter Rehm
Ph: Jim Bengston
Gavin Bryars
After The Requiem

ECM New Series 1425 1991
D/Ph: Dieter Rehm
Dmitri Shostakovich /
Paul Chihara / Linda Bouchard
Kim Kashkashian / Robert Levin
Robyn Schulkowsky

ECM 1426 1991
D: Andrew Ward
Paul Giger
Alpstein

ECM 1427 1990
D: Dieter Rehm
Ph: Mirjam Daum
Stephan Micus
Darkness and Light

ECM 1428 1991
D: Barbara Wojirsch, Sascha Kleis
Egberto Gismonti Group
Infância

ECM 1429 1991
D: Barbara Wojirsch
Ph: Giorgos Arvanitis
Eleni Karaindrou
Music For Films

ECM 1430 1991
D: Barbara Wojirsch
AW: Renate Fuhrmann
Arvo Pärt
Miserere

ECM New Series 1431 1992
D: Barbara Wojirsch
Ph: Jean-Luc Godard
Pärt / Maxwell Davies / Glass
Trivium
Christopher Bowers-Broadbent

ECM 1432 1991
D: Barbara Wojirsch
AW: Mohammed Abd Al Kader
Anouar Brahem
Barzakh

ECM New Series 1433/34 1991
D: Barbara Wojirsch
Johann Sebastian Bach
Das Wohltemperierte Klavier, Buch II
Keith Jarrett

ECM 1435 1991
Ph: Tom Martinsen
Arild Andersen
Sagn

ECM 1436 1990
D: Jacqueline Spoerlé
Ph: Goerg Anderhub
Doran / Studer / Burri / Magnenat
Musik für zwei Kontrabässe,
elektrische Gitarre und Schlagzeug

ECM 1437 1991
Ph: Sascha Kleis
Masqualero
Re-Enter

ECM 1438/39 1992
D: Barbara Wojirsch
Ph: Herb Snitzer
Jimmy Giuffre 3
1961

ECM 1440 1991
D: Barbara Wojirsch
Keith Jarrett / Gary Peacock /
Jack DeJohnettte
The Cure

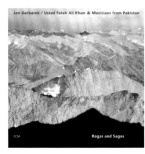

ECM 1442 1992
D: Barbara Wojirsch
Ph: Herbert Maeder
Jan Garbarek / Ustad Fateh Ali Khan &
Musicians from Pakistan
Ragas and Sagas

ECM 1444 1991
D: Barbara Wojirsch
Miroslav Vitous / Jan Garbarek /
Peter Erskine
Star

ECM 1445 1992
D: Barbara Wojirsch
Jon Balke / Oslo 13
Nonsentration

ECM 1446 1992
D: Dieter Rehm
Ph: Jean-Pierre Larcher
Tamia / Pierre Favre
Solitudes

ECM 1447 1992
Ph: Steve Miller
Dino Saluzzi Group
Mojotoro

ECM 1448 1994
D: Barbara Wojirsch
Don Cherry / Lennart Åberg /
Bobo Stenson
Dona Nostra

ECM 1449 1994
D: Dieter Rehm
Ph: Jim Bengston
Trevor Watts / Moiré Music Drum
Orchestra
A Wider Embrace

ECM New Series 1450 1994
D: Barbara Wojirsch
Keith Jarrett
Bridge Of Light

ECM 1451 1992
D: Barbara Wojirsch
Ph: François Läi
Barre Phillips
Aquarian Rain

ECM 1452–54 1994
D: Barbara Wojirsch
Ph: Nele Fleischmann
Heiner Goebbels
Hörstücke

ECM 1455 1991
Ph: Signe Mähler
Hal Russell NRG Ensemble
The Finnish / Swiss Tour

ECM 1456 1992
D: Dieter Rehm
Ph: Nikos Panayiotopoulos
Eleni Karaindrou
The Suspended Step Of The Stork

ECM 1457 1992
D: Barbara Wojirsch
Anouar Brahem
Conte de l'incroyable amour

ECM 1458 1992
D: Barbara Wojirsch
Ph: Guy Le Querrec
Louis Sclavis Quintet
Rouge

ECM New Series 1459/60 1992
D: Barbara Wojirsch
Ph: Tōnu Tormis
Forgotten Peoples

ECM 1461 1992
Ph: Sascha Kleis
Edward Vesala / Sound & Fury
Invisible Storm

ECM 1462 1992
D: Dieter Rehm
Ph: Gabor Attalai
Ralph Towner
Open Letter

ECM 1463 1992
Ph: Jørn Sundby
John Surman
Adventure Playground

ECM 1464 1992
D: Barbara Wojirsch
Ph: Jean-Luc Godard
David Darling
Cello

ECM 1465 1992
D: Dieter Rehm
Ph: Dorothy Darr
Charles Lloyd
Notes From Big Sur

ECM 1466 1992
AW: Päivi Björkenheim
Krakatau
Volition

ECM 1467 1993
D: Dieter Rehm
Ph: Catherine Pichonnier
Keith Jarrett / Gary Peacock /
Jack DeJohnette
Bye Bye Blackbird

ECM New Series 1469/70 1992
D: Barbara Wojirsch
Dmitri Shostakovich
24 Preludes and Fugues op. 87
Keith Jarrett

ECM New Series 1471 1992
D: Barbara Wojirsch
Ph: Jan Jedlička
Giya Kancheli: Vom Winde beweint
Alfred Schnittke: Konzert für Viola und
Orchester

ECM New Series 1472/73 1993
D: D. E. Sattler / Moritz Sattler
Heinz Holliger
Scardanelli-Zyklus

ECM 1474 1993
D: Barbara Wojirsch
Terje Rypdal
Q.E.D.

ECM 1475 1993
D: Barbara Wojirsch
Miroslav Vitous / Jan Garbarek
Atmos

ECM New Series 1476 1993
D: Barbara Wojirsch
Walter Frye
The Hilliard Ensemble

ECM New Series 1477 1993
D: Barbara Wojirsch
Ph: Jim Bengston
Thomas Demenga
Johann Sebastian Bach / Sándor
Veress

ECM 1478 1993
D: Barbara Wojirsch
John Surman / John Warren
The Brass Project

ECM New Series 1479 1993
D: Barbara Wojirsch
Jens-Peter Ostendorf
String Quartet

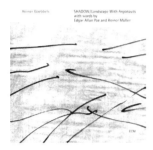

ECM 1480 1993
D: Barbara Wojirsch
Heiner Goebbels
SHADOW / Landscape With Argonauts

ECM 1481 1992
D: Barbara Wojirsch
Keith Jarrett
Vienna Concert

ECM New Series 1482 1992
D: Barbara Wojirsch
Ph: Peter Moore
Meredith Monk
Facing North

ECM New Series 1483 1993
D: Barbara Wojirsch
Heiner Goebbels
La Jalousie / Red Run / Herakles 2 /
Befreiung

ECM 1484 1992
D: Dieter Rehm
AW: Diether Kunerth
Hal Russell
Hal's Bells

ECM 1485 1993
D: Dieter Rehm
Michael Mantler
Folly Seeing All This

ECM 1486 1992
D: Dieter Rehm
Ph: Jean Gallus
Stephan Micus
To The Evening Child

ECM New Series 1487 1993
D: Andrew Ward
Paul Giger
Schattenwelt

ECM 1488 1993
D: Barbara Wojirsch
Ph: Christoph Egger
Paul Bley / Gary Peacock /
Tony Oxley / John Surman
In The Evenings Out There

ECM 1489 1993
D: Dieter Rehm
Ph: Jørn Sundby
John Abercrombie / Dan Wall /
Adam Nussbaum
While We're Young

ECM 1490 1994
D: Dieter Rehm
Ph: Jim Bengston
Gary Peacock / Ralph Towner
Oracle

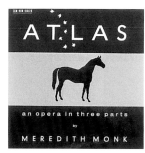

ECM New Series 1491/92 1993
D: Carol Bokuniewicz
Meredith Monk
Atlas

ECM 1493 1993
D: Barbara Wojirsch
Arild Andersen / Ralph Towner /
Nana Vasconcelos
If You Look Far Enough

ECM New Series 1494 1995
D: Barbara Wojirsch
Oliver Messiaen
Méditations sur le Mystère de la Sainte
Trinité
Christopher Bowers-Broadbent

ECM New Series 1495 1993
D: Barbara Wojirsch
Górecki / Satie / Milhaud / Bryars
O Domina Nostra
Sarah Leonard / Christopher Bowers-
Broadbent

ECM 1496 1993
D: Dieter Rehm
Ph: dpa
Aparis
Despite the fire-fighters' efforts ...

ECM 1497 1993
D: Dieter Rehm
Ph: Gabor Attalai
Peter Erskine / Palle Danielsson /
John Taylor
You Never Know

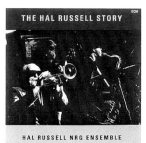

ECM 1498 1993
D: Dieter Rehm
Ph: W. Patrick Hinely
Hal Russell NRG Ensemble
The Hal Russell Story

ECM 1499 1994
D: Linda Sharrock
Red Sun / SamulNori
Then Comes The White Tiger

ECM 1500 1993
D: Barbara Wojirsch
Ph: Jan Jedlička
Jan Garbarek Group
Twelve Moons

ECM New Series 1501 1994
D: Barbara Wojirsch
Johann Sebastian Bach
3 Sonaten für Viola da Gamba und
Cembalo
Kim Kashkashian / Keith Jarrett

ECM 1502 1993
D: Barbara Wojirsch
Ph: Christoph Egger
John Abercrombie / Marc Johnson /
Peter Erskine / John Surman
November

ECM 1503 1993
D: Barbara Wojirsch
Ph: Christoph Egger
Ketil Bjørnstad
Water Stories

THE
HILLIARD
ENSEMBLE

CODEX
SPECIÁLNÍK

ECM NEW SERIES

ECM New Series 1504 1995
D: Barbara Wojirsch
The Hilliard Ensemble
Codex Speciálník

ECM New Series 1505 1993
D: Barbara Wojirsch
Ph: Tõnu Tormis
Arvo Pärt
Te Deum

ECM New Series 1506 1993
D: Barbara Wojirsch / Ph: Jim
Bengston
Hindemith / Britten / Penderecki
Lachrymae
Kim Kashkashian / Dennis Russell
Davies / Stuttgarter Kammerorchester

ECM 1507 1993
D: Dieter Rehm
Ph: Franz Hofer
Wadada Leo Smith
Kulture Jazz

ECM New Series 1508 1995
D: Barbara Wojirsch
Ph: Roberto Masotti
György Kurtág / Robert Schumann
Hommage à R. Sch.
Kashkashian / Levin / Brunner

ECM 1509 1993
D: Barbara Wojirsch
Ph: Harry Zeitlin
Egberto Gismonti Group
Música de Sobrevivência

ECM New Series 1510 1995
D: Barbara Wojirsch
Ph: Jim Bengston
Giya Kancheli
Abii ne viderem

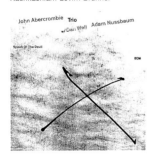

ECM 1511 1994
D: Barbara Wojirsch
John Abercrombie Trio
Speak Of The Devil

ECM New Series 1512 1994
D: Moritz & D. E. Sattler
Ph: Tom Fährmann
William Byrd: Motets and Mass for four
voices
Paul Hillier: The Theatre of Voices

ECM New Series 1513/14 1993
D: Barbara Wojirsch
Johann Sebastian Bach
The French Suites
Keith Jarrett

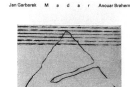

ECM 1515 1994
D: Barbara Wojirsch
AW: Jan Jedlička
Jan Garbarek / Anouar Brahem /
Shaukat Hussain
Madar

ECM 1516 1996
D: Barbara Wojirsch
Ph: Harry Zeitlin
Bobo Stenson / Anders Jormin /
Jon Christensen
Reflections

ECM 1517 1994
D: Dieter Rehm
Ph: Lavasir Nordrum
Jon Balke / Magnetic North Orchestra
Further

ECM 1518 1993
D: Dieter Bonhorst
AW: Maja Weber
Eberhard Weber
Pendulum

ECM 1519 1995
D: Barbara Wojirsch
Ph: Jim Bengston
David Darling
Dark Wood

ECM New Series 1520/21 1995
D: Lars Müller
Patrick Demenga / Thomas Demenga
12 Hommages à Paul Sacher pour
Violoncelle

ECM 1522 1993
D / Ph: Dorothy Darr
Charles Lloyd
The Call

ECM New Series 1523 1995
D: Barbara Wojirsch
Federico Mompou
Música Callada
Herbert Henck

ECM 1524 1994
D: Barbara Wojirsch
Ph: Jean-Pierre Larcher
Sidsel Endresen
Exile

ECM New Series 1525 1994
D: Barbara Wojirsch
Ph: Roberto Masotti
Jan Garbarek / The Hilliard Ensemble
Officium

ECM 1526 1994
D: Barbara Wojirsch
Sclavis / Pifarély / Ducret / Chevillon
Acoustic Quartet

ECM 1527 1994
D: Dieter Rehm
Ph: Frammis
Steve Tibbetts
The Fall Of Us All

ECM 1528 1995
D: Barbara Wojirsch
Ph: Jim Bengston
John Surman
A Biography Of The Rev. Absalom
Dawe

ECM 1529 1994
D / Ph: Dieter Rehm
Krakatau
Matinale

ECM New Series 1530 1995
D: Barbara Wojirsch
Georg Friedrich Händel
Suites For Keyboard
Keith Jarrett

ECM 1531 1994
D: Barbara Wojirsch
Ph: David W. Coulter
Keith Jarrett / Gary Peacock /
Paul Motian
At The Deer Head Inn

ECM 1532 1994
D: Barbara Wojirsch
Peter Erskine
Time Being

ECM New Series 1533 1994
AW: Jan Jedlička
Gavin Bryars
Vita Nova

ECM 1534 1994
D: Barbara Wojirsch
Ph: Christoph Egger
John Surman Quartet
Stranger Than Fiction

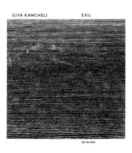

ECM New Series 1535 1995
D: Barbara Wojirsch
AW: Ariane Epars
Ph: Michael Fontana
Giya Kancheli
Exil

ECM 1536 1994
D: Barbara Wojirsch
Ph: Juozas Kazlauskas
Lena Willemark / Ale Möller
Nordan

ECM 1537 1995
D: Barbara Wojirsch
Paul Bley / Evan Parker / Barre Phillips
Time Will Tell

ECM 1538 1995
D: Barbara Wojirsch
Ph: Jim Bengston
Azimuth
«How it was then … never again»

ECM New Series 1539 1996
D: Barbara Wojirsch
Ph: Jan Jedlička
Dvořák / Janáček / Eben
Prague Chamber Choir

ECM New Series 1540 1995
D: Moritz & D. E. Sattler
AW: Karl Walser
Heinz Holliger
Beiseit / Alb-Chehr

ECM 1541 1994
D: Barbara Wojirsch
Edward Vesala
Nordic Gallery

ECM 1542 1995
D: Barbara Wojirsch
Keith Jarrett / Gary Peacock /
Jack DeJohnette
Standards In Norway

ECM 1543 1995
D: Dieter Rehm
Ph: Roberto Masotti
Italian Instabile Orchestra
Skies Of Europe

ECM 1544 1995
D: Dieter Rehm
Ph: Jerzy Kawalerowicz
Tomasz Stanko Quartet
Matka Joanna

ECM 1545 1995
D: Barbara Wojirsch
Ph: Jan Jedlička
Ketil Bjørnstad / David Darling /
Terje Rypdal / Jon Christensen
The Sea

ECM 1546–48 1994
D: Barbara Wojirsch
Ph: Dieter Rehm
Azimuth
Azimuth / The Touchstone / Départ

ECM 1549/50 1995
D: Dieter Rehm
AW: Ingema Reuter
Jazzensemble des Hessischen
Rundfunks
Atmospheric Conditions Permitting

ECM 1551 1994
D: Dieter Rehm
Ph: Gerhard Trumler
Stephan Micus
Athos

ECM 1552 1995
D: Dieter Rehm
Ph: Dominik Mentzos
Heiner Goebbels
Ou bien le débarquement désastreux

ECM 1553 1995
D: Barbara Wojirsch
Ph: Christoph Egger
John Surman / Karin Krog /
Terje Rypdal / Vigleik Storaas
Nordic Quartet

ECM 1554 1995
D: Barbara Wojirsch
Ph: Michael Trevillion
Terje Rypdal
If Mountains Could Sing

ECM New Series 1555 1995
D: Barbara Wojirsch
Ph: Claudio Veress
Sándor Veress
Passacaglia Concertante / Songs Of
The Seasons / Musica Concertante

ECM 1556 1995
D / Ph: Dieter Rehm
Michael Mantler
Cerco Un Paese Innocente

ECM 1557 1995
D: Dorothy Darr / Dieter Rehm
Ph: Dorothy Darr
Charles Lloyd
All My Relations

ECM 1558 1996
D: Barbara Wojirsch
Jack DeJohnette / Michael Cain /
Steve Gorn
Dancing With Nature Spirits

ECM 1559 1997
Ph: Sascha Kleis
Marilyn Mazur
Small Labyrinths

ECM 1560 1997
Ph: John Gollings
Nils Petter Molvær
Khmer

ECM 1561 1995
D: Barbara Wojirsch
Anouar Brahem
Khomsa

ECM 1562 1995
D: Barbara Wojirsch
Gateway
Homecoming

ECM 1563 1996
D: Barbara Wojirsch
Ph: Caroline Forbes
Ralph Towner
Lost And Found

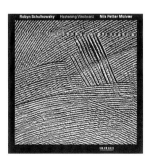

ECM New Series 1564 1995
D: Barbara Wojirsch
Ph: Eric Sandmeier
R. Schulkowsky / Nils Petter Molvær
Hastening Westward

ECM New Series 1565/66 1996
D: Barbara Wojirsch
Keith Jarrett
Wofgang Amadeus Mozart
Piano Concertos

ECM 1567 2000
Ph: Christoph Egger
Terje Rypdal
Double Concerto / Fifth Symphony

Giya Kancheli   Caris Mere

ECM New Series 1568 1997
Ph: Christoph Egger
Giya Kancheli
Caris Mere

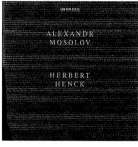

ALEXANDR
MOSOLOV

HERBERT
HENCK

ECM New Series 1569 1996
D: Barbara Wojirsch
Alexandr Mosolov
Herbert Henck

ELENI KARAINDROU
ULYSSES' GAZE
KIM KASHKASHIAN

Film by
THEO ANGELOPOULOS

ECM New Series 1570 1995
D: Barbara Wojirsch
Ph: Giorgos Arvanitis / Dimitris Sofikitis
Eleni Karaindrou
Ulysses' Gaze

Thomas Demenga
J.S. Bach
B.A. Zimmermann
Thomas Zehetmair
Christoph Schiller

ECM New Series 1571 1996
D: Barbara Wojirsch
Ph: Kent O. Höglund
Thomas Demenga
Johann Sebastian Bach /
Bernd Alois Zimmermann

Dave Holland Quartet   Dream Of The Elders

ECM 1572 1996
D: Barbara Wojirsch
Ph: Caroline Forbes
Dave Holland Quartet
Dream Of The Elders

Steve Kuhn   Remembering Tomorrow

David Finck   Joey Baron

ECM 1573 1996
D: Barbara Wojirsch
Ph: Caroline Forbes
Steve Kuhn / David Finck / Joey Baron
Remembering Tomorrow

GATEWAY
John Abercrombie.................guitar
Dave Holland...................double-bass
Jack DeJohnette.................drums

In The Moment

ECM 1574 1996
D: Barbara Wojirsch
Gateway
In The Moment

KEITH JARRETT
AT   I-VI
THE
BLUE
NOTE   THE
COMPLETE
RECORDINGS
ECM

ECM 1575–80 1995
D: Barbara Wojirsch
Keith Jarrett
At The Blue Note
The Complete Recordings

Heinz Reber

MA

Two Songs

Kimiko Hagiwara, soprano
Dohyung Kim, baritone
Junko Kuribayashi, piano

ECM New Series 1581 1996
D: Dieter Rehm
AW: Kwang Yang
Heinz Reber
MA

Egberto Gismonti Trio

ECM 1582 1996
D: Barbara Wojirsch
Ph: Orlando Azevedo
Egberto Gismonti Trio
ZigZag

Alfred Schnittke
Psalms of Repentance

ECM New Series 1583 1999
Ph: Christoph Egger
Alfred Schnittke
Psalms of Repentance

Pierre Favre   Window Steps
Konny Wheeler   Roberto Ottaviano   David Darling   Steve Swallow

window steps

ECM 1584 1996
D: Barbara Wojirsch
Pierre Favre
Window Steps

ECM 1585 1996
D: Barbara Wojirsch
Ph: Jan Jedlička
Jan Garbarek
Visible World

ECM 1586 1997
D: Michael Hofstetter
Ph: Denny Zeitlin
Egberto Gismonti
Meeting Point

ECM New Series 1587 1997
D: Michael Hofstetter
Ph: Werner Hannappel
Michelle Makarski
Caoine

ECM 1588 1996
D: Barbara Wojirsch
Louis Sclavis Sextet
Les Violences de Rameau

ECM New Series 1589 1997
D: Dieter Rehm / Michael Hofstetter
AW: Elijah Cobb
Meredith Monk
Volcano Songs

ECM New Series 1590 1996
D: Barbara Wojirsch
Ph: Richard Green
Erkki-Sven Tüür
Cristallisatio

ECM New Series 1591 1999
Arvo Pärt
Alina

ECM New Series 1592 1996
D: Barbara Wojirsch
Arvo Pärt
Litany

ECM 1593 1997
D: Birgit Binner
AW: Mayo Bucher
Ketil Bjørnstad / David Darling
The River

ECM 1594 1996
D: Barbara Wojirsch
Peter Erskine / Palle Danielsson /
John Taylor
As It Is

ECM New Series 1595 1998
Ph: Roberto Masotti
Franz Schubert
Trio in Es-Dur / Notturno
Thomas Demenga / Hansheinz
Schneeberger / Jörg Ewald Dähler

ECM 1596 1997
Ph: Christoph Egger
Misha Alperin
North Story

JOE MANERI
JOE MORRIS
MAT MANERI

THREE MEN WALKING

ECM 1597 1996
D: Dieter Rehm
Joe Maneri / Joe Morris / Mat Maneri
Three Men Walking

ECM New Series 1598 1996
D: Barbara Wojirsch
Ph: Blaise Porte
György Kurtág
Musik für Streichinstrumente
Keller Quartett

ECM New Series 1599 1997
D: Michael Hofstetter
Ph: Wolfgang Wiese
Eduard Brunner
Dal niente

JEAN-LUC GODARD
NOUVELLE VAGUE

ECM New Series 1600/01 1997
D: Birgit Binner
Jean-Luc Godard
Nouvelle Vague

ECM 1602 1998
Ph: Jean-Guy Lathuilière
Ralph Towner / Gary Peacock
A Closer View

ECM 1603 1997
Ph: Wolfgang Wiese
Tomasz Stanko Quartet
Leosia

ECM 1604 1998
Ph: Jan Jedlička
Bobo Stenson Trio
War Orphans

ECM New Series 1605 1999
Ph: Jim Bengston
Charles Ives
Sonatas for Violin and Piano
Hansheinz Schneeberger /
Daniel Cholette

ECM New Series 1606 1997
D: Michael Hofstetter
Ph: Wolfgang Wiese
Ingrid Karlen
Variations

ECM 1607 1997
Ph: Daniela Nowitzki
Kenny Wheeler
Angel Song

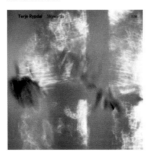

ECM 1608 1997
Ph: Jean-Guy Lathuilière
Terje Rypdal
Skywards

PAUL BLEY
EVAN PARKER
BARRE PHILLIPS

SANKT GEROLD

ECM 1609 2000
D: Max Franosch
Paul Bley / Evan Parker / Barre Phillips
Sankt Gerold

ECM 1610 1996
D: Barbara Wojirsch
Ph: Christian Vogt
Lena Willemark / Ale Möller
Agram

ECM 1611 1997
D: Birgit Binner
AW: Mayo Bucher
Ralph Towner
ANA

ECM New Series 1612 1997
D: Michael Hofstetter
AW: Mayo Bucher
Evan Parker Electro-Acoustic
Ensemble
Towards The Margins

ECM New Series 1614/15 1996
D: Barbara Wojirsch
The Hilliard Ensemble
A Hilliard Songbook

ECM 1616 1997
Ph: Juan Hitters
Dino Saluzzi / Marc Johnson /
José M. Saluzzi
Cité de la Musique

ECM 1617 1997
D: Michael Hofstetter
Ph: Jim Bengston
Joe Maneri Quartet
In Full Cry

ECM New Series 1618 1997
D: Michael Hofstetter
Ph: Roberto Masotti
Heinz Holliger
Lieder ohne Worte

ECM New Series 1619 1997
Ph: Rolf Hans
György Kurtág
Játékok

ECM New Series 1620 1997
D: Michael Hofstetter
AW: Mayo Bucher
Dimitri Shostakovich / Peteris Vasks /
Alfred Schnittke
Dolorosa

ECM New Series 1621 1999
D: Birgit Binner
AW: Mayo Bucher
Jean Barraqué
Sonate pour piano
Herbert Henck

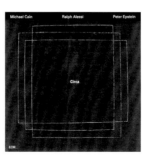

ECM 1622 1997
D: Birgit Binner
AW: Mayo Bucher
Michael Cain / Ralph Alessi /
Peter Epstein
Circa

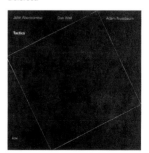

ECM 1623 1997
D: Michael Götte
AW: Mayo Bucher
John Abercrombie / Dan Wall /
Adam Nussbaum
Tactics

ECM New Series 1624/25 1999
D: Barbara Wojirsch
Wolfgang Amadeus Mozart
Piano Concertos K. 271, 453, 466,
Adagio & Fugue K. 546
Keith Jarrett

ECM 1626/27 1997
Ph: Jim Bengston
Marilyn Crispell / Gary Peacock /
Paul Motian
Nothing ever was, anyway
Music of Annette Peacock

ECM 1628 1998
Ph: Wolfgang Wiese
Christian Wallumrød Trio
No Birch

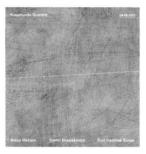

ECM New Series 1629 1997
D: Michael Hofstetter
AW: Mayo Bucher
Webern / Shostakovich / Burian
Rosamunde Quartett

ECM New Series 1630 1997
Ph: Roberto Masotti
Johannes Brahms
Sonaten für Viola und Klavier
Kim Kashkashian / Robert Levin

ECM 1631 1997
Ph: Jim Bengston
Arild Anderesen
Hyperborean

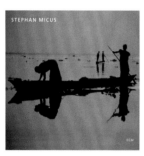

ECM 1632 1997
D: Dieter Rehm
Ph: Michael Martin
Stephan Micus
The Garden of Mirrors

ECM 1633 1998
Ph: Jan Jedlička
Ketil Bjørnstad
The Sea II

ECM 1635 1997
D: Dieter Rehm
Ph: Dorothy Darr
Charles Lloyd
Canto

ECM 1636 1997
Ph: Jim Bengston
Tomasz Stanko Septet
Litania Music of Krysztof Komeda

ECM 1637 1997
D: Michael Hofstetter
Ph: Wolfgang Wiese
Jack DeJohnette
Oneness

ECM New Series 1638 1998
Ph: Flor Garduño
Dino Saluzzi / Rosamunde Quartett
Kultrum

ECM 1639 1997
D: Dieter Rehm
Ph: Caroline Forbes
John Surman
Proverbs And Songs

ECM 1640 1997
D: Michael Hofstetter
AW: Mayo Bucher
Keith Jarrett
La Scala

ECM 1641 1998
Ph: Jean-Guy Lathuilière
Anouar Brahem / John Surman /
Dave Holland
Thimar

ECM 1642 2006
Ph: Sascha Kleis
OM
A Retrospective

ECM New Series 1643 1999
Ph: Jim Bengston
Maya Homburger / Barry Guy
Ceremony

ECM New Series 1646 1998
Ph: Giya Chkhatarashvili
Giya Kancheli
Trauerfarbenes Land

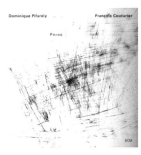

ECM 1647 1998
D: Michael Hofstetter
AW: Wolfgang Wiese
Dominique Pifarély / François Couturier
Poros

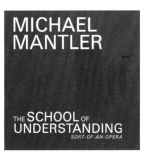

ECM 1648/49 1997
D: EM Graphics
Michael Mantler
The School Of Understanding

ECM 1650 1997
Ph: Werner Hannappel
Selected Signs I

ECM 1651 1999
D: Dieter Rehm / Sandro Kancheli
Ph: Peter Bogaczewicz
Roscoe Mitchell and the Note Factory
Nine To Get Ready

ECM New Series 1652 1998
Ph: Gérald Minkoff
Johann Sebastian Bach
Die Kunst der Fuge
Keller Quartett

ECM New Series 1653 2000
Ph: Linda Chung-Won Kim
The Hilliard Ensemble
In Paradisum

ARVO PÄRT KANON POKAJANEN

ECM New Series 1654/55 1998
D: Birgit Binner
Arvo Pärt
Kanon Pokajanen

ECM New Series 1656 1999
AW: Mayo Bucher
Giya Kancheli
Lament
Gidon Kremer

ECM 1657 1999
Ph: Christoph Egger
Peter Erskine
Juni

ECM New Series 1658 1998
Ph: Wolfgang Wiese
The Hilliard Ensemble
Lassus

ECM New Series 1659 1999
Ph: Matäus Lechner
Hans Otte
Das Buch der Klänge
Herbert Henck

ECM 1660 1999
Ph: Caroline Forbes
Mats Edén
Milvus

ECM 1661 1998
D: Dieter Rehm
Ph: Hans W. Mende
Joe Maneri / Mat Maneri
Blessed

ECM 1662 1999
D: Michael Götte
Ph: Hans W. Mende
Philipp Wachsmann / Paul Lytton
Some Other Season

ECM 1663 1998
Ph: Jim Bengston
Dave Holland Quintet
Points of View

ECM 1664 1999
Ph: Sascha Kleis
Misha Alperin / John Surman
First Impression

ECM New Series 1665 1999
AW: Mayo Bucher
Bent Sørensen
Birds and Bells
Christin Lindberg / Oslo Sinfonietta and
Cikada / Christian Eggen

ECM 1666 1998
D: Michael Hofstetter
Ph: Kuni Shinuhara
Keith Jarrett Trio
Tokyo '96

ECM New Series 1667 1999
AW: Mayo Bucher
Arnold Schönberg / Franz Schubert
Klavierstücke
Thomas Larcher

ECM New Series 1668 1999
Ph: Daniela Nowitzki
Johann Heinrich Schmelzer
Sonatae unarum fidium
John Holloway

ECM New Series 1669 2000
Ph: Flor Garduño
Giya Kancheli
Magnum Ignotum

ECM 1670 1998
Ph: Jonathan Martin Rosen
Paul Bley / Gary Peacock / Paul Motian
Not Two, Not One

ECM New Series 1671/72 1999
AW: Mayo Bucher
Jan Dismas Zelenka
Trio Sonatas

ECM New Series 1673 1999
AW: Mayo Bucher
Erkki-Sven Tüür
Flux

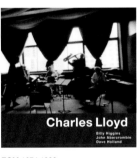

ECM 1674 1999
D: Dieter Rehm
Ph: Dorothy Darr
Charles Lloyd
Voice In The Night

ECM 1675 1999
Ph: Daniela Nowitzki
Keith Jarrett
The Melody At Night, With You

ECM New Series 1676/77 1999
Ph: Roberto Masotti
András Schiff / Peter Serkin
Mozart / Reger / Busoni

ECM 1678 1999
D / Ph: Dieter Rehm
Joe Maneri / Barre Phillips / Mat Maneri
Tales of Rohnlief

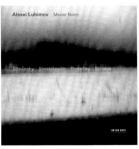

ECM New Series 1679 2005
Ph: Sascha Kleis
Stravinsky / Shostakovich / Prokofiev /
Scriabin
Messe Noire
Alexei Lubimov

ECM 1680 1999
Ph: Jan Jedlička
Tomasz Stanko
From The Green Hill

ECM New Series 1681 2000
Ph: Erick Julia
Paul Giger
Ignis

ECM New Series 1682 1998
Ph: Werner Hannappel
Franz Schubert
Sonate B-dur D 960 op. posth.
Valery Afanassiev

ECM 1683 1999
Ph: Gérald Minkoff
John Abercrombie
Open Land
John Potter

ECM 1684 2000
Ketil Bjørnstad / David Darling
Epigraphs

ECM 1685/86 1998
Jan Garbarek
Rites

ECM New Series 1687 1999
Ph: Tõnu Tormis
Veljo Tormis
Litany to Thunder

ECM New Series 1688 2000
Ph: Gérald Minkoff
Heiner Goebbels
Surrogate Cities

ECM 1690 1999
Ph: Jim Bengston
Per Gudmundson / Ale Möller /
Lena Willemark
Frifot

ECM 1691 1999
D: Birgit Binner
Ph: Jan Jedlička
Kenny Wheeler
A Long Time Ago

ECM New Series 1692 1998
Ph: Vouvoula Skoura
Eleni Karaindrou
Eternity and a Day

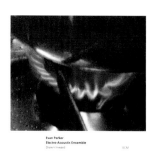

ECM 1693 1999
D: Birgit Binner
Ph: Jan Jedlička
Evan Parker Electro-Acoustic
Ensemble
Drawn Inward

ECM New Series 1694 1999
AW: Mayo Bucher
Peter Ruzicka
String Quartets

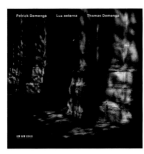

ECM New Series 1695 2000
Ph: Wilfried Krüger
Thomas Demenga / Patrick Demenga
Lux Aeterna

ECM New Series 1696 2000
Ph: Jo Pesendorfer
John Cage
The Seasons

ECM New Series 1697 1999
Ph: Jim Bengston
John Dowland
In Darkness Let Me Dwell
John Potter

ECM 1698 1999
Ph: W. Patrick Hinely
Dave Holland Quintet
Prime Directive

ECM New Series 1699 2000
Ph: Roberto Masotti
Franz Schubert
Fantasien
András Schiff / Yuuko Shiokawa

ECM New Series 1700/01 1999
Ph: Ingmar Bergman
Jan Garbarek / The Hilliard Ensemble
Mnemosyne

ECM 1702 2000
D: Sandro Kancheli
Ph: Dieter Rehm
John Surman
Coruscating

ECM 1703 2000
Ph: Gérald Minkoff
Gianluigi Trovesi / Gianni Coscia
In cerca di cibo

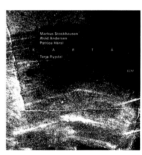

ECM 1704 2000
Ph: Sascha Kleis
Markus Stockhausen / Arild Andersen /
Patrice Héral / Terje Rypdal
Karta

ECM 1705 2001
Ph: Gérald Minkoff
Louis Sclavis Quintet
L'affrontement des prétendants

ECM New Series 1706–10 1999
D: Catherine Hersberger
Jean-Luc Godard
Histoire(s) du Cinéma

ECM New Series 1711 2000
Ph: Péter Nádas
Kim Kashkashian
Béla Bartók / Peter Eötvös /
György Kurtág

ECM New Series 1712 2000
Ph: Roberto Masotti
Michelle Makarski
Elogio per un'ombra

ECM 1713 2005
Ph: Thomas Wunsch
Michael Galasso
High Lines

ECM New Series 1714 2001
Ph: Muriel Olesen
Schönberg / Veress / Bartók
Verklärte Nacht
Thomas Zehetmair / Camerata Bern

ECM New Series 1715/16 2000
D: Catherine Hersberger
Heinz Holliger
Schneewittchen

ECM 1718 2000
Ph: Gérald Minkoff
Anouar Brahem
Astrakan Café

ECM 1719 2001
Ph: Muriel Olesen
Mat Maneri
Trinity

ECM New Series 1720 2000
Ph: Claudia Terstappen
Karl Amadeus Hartmann
Funèbre
Münchener Kammerorchester
Christoph Poppen

ECM 1721 2000
D: Michael Mantler
Michael Mantler
Songs And One Symphony

ECM 1722 2000
Ph: Gérald Minkoff
Nils Petter Molvær
Solid Ether

ECM New Series 1723 2000
Ph: Ruth Walz
Bruno Ganz
Wenn Wasser wäre

ECM 1724/25 2000
Keith Jarrett / Gary Peacock /
Jack DeJohnette
Whisper Not – Live in Paris 1999

ECM New Series 1726 2001
Ph: Caroline Forbes
Conlon Nancarrow / George Antheil
Piano Music
Herbert Henck

ECM New Series 1727 2001
Ph: Gérald Minkoff
Zehetmair Quartett
Karl Amadeus Hartmann / Béla Bartók

ECM 1728 2000
D: Birgit Binner
AW: Mayo Bucher
Vassilis Tsabropoulos / Arild Andersen /
John Marshall
Achirana

ECM New Series 1729 2002
Ph: Péter Nádas
Béla Bartók
44 Duos for Two Violins
András Keller / János Pilz

ECM New Series 1730 2003
Ph: Thomas Wunsch
György Kurtág
Signs, Games and Messages
Friedrich Hölderlin / Samuel Beckett

ECM New Series 1731 2005
D: Catherine Hersberger
Alexander Knaifel
Amicta Sole
Mstislav Rostropovich

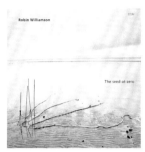

ECM 1732 2000
D: Sandro Kancheli
Ph: Thomas Lemmler
Robin Williamson
The seed-at-zero

ECM 1733 2000
Ph: Alastair Thain
Annette Peacock
An Acrobat's Heart

ECM 1734 2000
D/Ph: Dorothy Darr
Charles Lloyd
The Water is Wide

ECM New Series 1735 2001
Ph: Jean-Luc Godard
Luciano Berio
Voci / Naturale
Kim Kashkashian

ECM New Series 1736 2001
AW: Jan Jedlička
Leoš Janáček
A Recollection
András Schiff

ECM 1737 2003
AW: Mayo Bucher
Vassilis Tsabropoulos
Akroasis

ECM 1738 2001
D: Michael Mantler
Michael Mantler
Hide and Seek

ECM New Series 1739 2001
Ph: Wolfgang Wiese
Ensemble Belcanto / Dietburg Spohr
Come Un'Ombra Di Luna

ECM 1740/41 2000
Ph: Christoph Egger
Bobo Stenson Trio
Serenity

ECM 1742 2001
Ph: Sascha Kleis
Marilyn Crispell / Gary Peacock /
Paul Motian
Amaryllis

ECM 1743 2001
Ph: Gérald Minkoff
Ralph Towner
Anthem

ECM 1744 2000
Ph: Jim Bengston
Trygve Seim
Different Rivers

ECM New Series 1745 2001
Ph: Tõnu Tormis
Heino Eller
Neenia

ECM 1746 2001
Charlie Haden / Egberto Gismonti
In Montreal

ECM New Series 1747 2001
Ph: Daniela Nowitzki
Thomas Larcher
Naunz

ECM 1748 2001
D: Dieter Rehm
AW: Maja Weber
Eberhard Weber
Endless Days

ECM 1749 2001
Ph: Sascha Kleis
Claudio Puntin
Ylir
Gerður Gunnarsdóttir

ECM 1750 2000
Suite for Sampler ECM
Selected Signs II

ECM 1751 2003
Ph: Thomas Wunsch
John Taylor Trio
Rosslyn

ECM 1752 2004
Ph: Thomas Wunsch
Arild Andersen / Vassilis
Tsabropoulos / John Marshall
The Triangle

ECM New Series 1753 2001
Ph: Jean-Luc Godard
Trio Mediaeval
Words Of The Angel

ECM New Series 1754 2003
Ph: Muriel Olesen
Kim Kashkashian
Hayren
Music of Komitas and Tigran Mansurian

ECM New Series 1755 2003
Ph: Muriel Olesen
Alfred Schnittke / Dimitri Shostakovich
Lento
Keller Quartett / Alexei Lubimov

ECM New Series 1756 2001
Ph: Erik Steffensen
Joseph Haydn
The Seven Words

ECM 1757 2001
D: Dieter Rehm
Ph: Michael Martin
Stephan Micus
Desert Poems

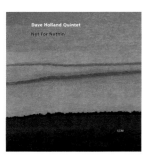

ECM 1758 2001
D / AW: Max Franosch
Dave Holland Quintet
Not For Nothin'

ECM 1760 2004
Ph: Roberto Masotti
Enrico Rava
Easy Living

ECM New Series 1761 2004
Ph: Rolf Coulanges
Harald Bergmann
Scardanelli

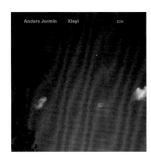

ECM 1762 2001
Ph: Vladimir Jedlička
Anders Jormin
Xieyi

ECM New Series 1763 2002
D: Catherine Hersberger
Alexander Knaifel
Svete Tikhy

ECM 1764 2002
Ph: Sascha Kleis
Trygve Seim / Øyvind Bræke /
Per Oddvar Johansen
The Source and Different Cikadas

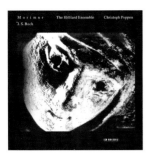

ECM New Series 1765 2001
Ph: Jean-Luc Godard
Johann Sebastian Bach
Morimur
The Hilliard Ensemble /
Christoph Poppen

ECM 1766 2001
Ph: Muriel Olesen
Susanne Abbuehl
April

ECM New Series 1767 2005
AW: Mayo Bucher
Giya Kancheli
In l'istesso tempo
Gidon Kremer / Oleg Maisenberg /
Kremerata Baltica

ECM 1768 2001
Ph: Jim Bengston
Misha Alperin
At Home

ECM 1769 2002
Ph: Sascha Kleis
Misha Alperin
Night

ECM 1770 2002
Ph: Jim Bengston
John Abercrombie
Cat n' Mouse

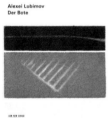

ECM New Series 1771 2002
AW: Jan Jedlička
Alexei Lubimov
Der Bote – Elegies for piano

ECM New Series 1772 2003
Ph: Jean-Luc Godard
Songs of Debussy and Mozart
Juliane Banse / András Schiff

ECM New Series 1773 2004
Ph: Christoph Egger
Giya Kancheli
Diplipito

ECM New Series 1774 2003
AW: Mayo Bucher
Johann Sebastian Bach / Anton Webern
Christoph Poppen /
Münchener Kammerorchester /
The Hilliard Ensemble

ECM New Series 1775 2002
Ph: Franz Schensky
Elsbeth Moser / Boris
Pergamentschikow
Sofia Gubaidulina

ECM New Series 1776 2001
Ph: Vladimír Jedlička
Valentin Silvestrov
leggiero, pesante

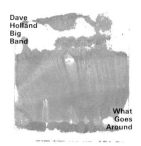

ECM 1777 2002
AW: Max Franosch
Dave Holland Big Band
What Goes Around

ECM New Series 1778 2004
Ph: Jean-Luc Godard
Valentin Silvestrov
Requiem for Larissa

ECM New Series 1779 2002
Ph: Gérald Minkoff
Heiner Goebbels
Eislermaterial
Ensemble Modern

ECM 1780 2001
Keith Jarrett / Gary Peacock /
Jack DeJohnette
Inside Out

ECM New Series 1781 2002
AW: Max Franosch
Gideon Lewensohn
Odradek

ECM New Series 1782/83 2002
Ph: Roberto Masotti
Thomas Demenga
Toshio Hosokawa / Johann Sebastian
Bach / Isang Yun

ECM 1784 2001
D: Dieter Rehm
Ph: Dorothy Darr
Charles Lloyd
Hyperion With Higgins

ECM 1785 2002
Ph: Sascha Kleis
Robin Williamson
Skirting The River Road
Songs and Settings of Whitman, Blake
and Vaughan

ECM 1786 2007
Ph: Roberto Masotti
Paul Bley
Solo in Mondsee

ECM 1787 2002
Ph: Sascha Kleis
Yves Robert
In Touch (48' de tendresse)

ECM 1788 2002
Ph: Jean-Luc Godard
Tomasz Stanko Quartet
Soul of Things

ECM New Series 1789 2002
AW: Karl Bohrmann
Helmut Lachenmann
Schwankungen am Rand
Peter Eötvös / Ensemble Modern

ECM New Series 1790 2003
AW: Mayo Bucher
Valentin Silvestrov
Metamusik / Postludium
Radio Symphonieorchester Wien /
Russel Davies / Alexei Lubimov

ECM New Series 1791 2002
Ph: Mireille Gros
Heinrich Ignaz Franz Biber
Unam Ceylum
John Holloway / Aloysia Assenbaum /
Lars Ulrik Mortensen

ECM 1792 2002
Ph: André Kertész
Anouar Brahem
Le pas du chat noir

ECM New Series 1793 2003
Ph: Jean-Guy Lathuilière
Robert Schumann
Zehetmair Quartett

ECM New Series 1794 2002
Ph: Sascha Kleis
Frode Haltli
Looking on Darkness

ECM New Series 1795 2002
Arvo Pärt
Orient & Occident

ECM 1796 2002
Ph: Jan Jedlička
John Surman / Jack DeJohnette
Invisible Nature

ECM 1797 2004
Ph: Sascha Kleis
Trygve Seim
Sangam

ECM New Series 1798 2008
Ph: Wunsch / Kleis
Morton Feldman
The Viola In My Life

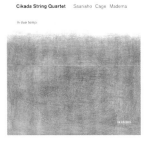

ECM New Series 1799 2005
AW: Mayo Bucher
Kaija Saariaho / John Cage /
Bruno Maderna
Cikada String Quartet

ECM 1800/01 2002
D / Ph: Dieter Rehm
Keith Jarrett / Gary Peacock /
Jack DeJohnette
Always Let Me Go

ECM 1802 2003
Ph: Sascha Kleis
John Surman / Jack DeJohnette
Free And Equal

ECM New Series 1803 2003
Ph: Jan Jedlička
The Dowland Project
Care-charming sleep

ECM 1804 2002
D: Dieter Rehm
Ph: Yann Arthus-Bertrand
Stephan Micus
Towards The Wind

ECM 1805 2002
Louis Sclavis
Dans la nuit

ECM New Series 1806/07 2002
Ph: Péter Nádas
Robert Schumann
András Schiff in concert

ECM 1808 2003
Ph: Ralph Quinke
Art Ensemble of Chicago
Tribute to Lester

ECM 1809 2003
Ph: Thomas Wunsch
Christian Wallumrød Ensemble
Sofienberg Variations

ECM New Series 1810 2002
Ph: Kostas Ordolis
Eleni Karaindrou
Trojan Women
Directed by Antonis Antypas

ECM New Series 1811 2007
Ph: Wonge Bergmann
Heiner Goebbels
Landschaft mit entfernten Verwandten

ECM New Series 1812 2008
Ph: David Kvachadze
Giya Kancheli
Little Imber

ECM 1813 2006
D: Michael Mantler
Michael Mantler
Review

ECM 1814 2002
D: Dieter Rehm
Ph: Frammis
Steve Tibbetts
A Man About A Horse

ECM 1815 2004
Ph: Dieter Rehm
Steve Kuhn with Strings
Promises Kept

ECM 1816 2003
Ph: Juan Hitters
Dino Saluzzi
Responsorium

ECM New Series 1817 2003
D: Catherine Hersberger
Ph: Meredith Heuer
Elliott Carter
What Next?

ECM 1818 2002
Ph: Sascha Kleis
Terje Rypdal
Lux Aeterna

ECM New Series 1819/20 2004
AW: Jan Jedlička
Ludwig van Beethoven
Complete Music for Piano and
Violoncello
András Schiff / Miklós Perényi

ECM New Series 1821 2004
Ph: Roberto Masotti
Alexander Lonquich
Plainte calme

ECM 1822 2002
Ph: Sascha Kleis
Jon Balke
Kyanos

ECM New Series 1823
Ph: Andrea Baumgartl
The Hilliard Ensemble
Motets
Guillaume de Machaut

ECM New Series 1824 2003
Ph: Thomas Wunsch
Maurice Ravel / George Enescu
Leonidas Kavakos / Péter Nagy

ECM New Series 1825 2003
AW: Jan Jedlička
Johann Sebastian Bach
Goldberg Variations BWV 988
András Schiff

ECM New Series 1826 2005
Ph: Gérald Minkoff
Igor Stravinsky
Orchestral Works
Stuttgarter Kammerorchester /
Dennis Russell Davies

ECM 1827 2003
Ph: Roberto Masotti
Gianluigi Trovesi Ottetto
Fugace

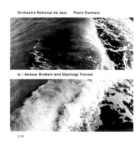

ECM 1828 2002
Ph: Roberto Masotti
Orchestre National de Jazz
Charmediterranéen

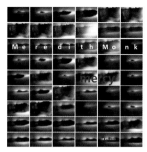

ECM New Series 1829 2002
D: Dieter Rehm / Ulrike Körner
AW: Ann Hamilton
Meredith Monk
Mercy

ECM New Series 1830 2003
Ph: Bernard Plossu
Errki-Sven Tüür
Exodus

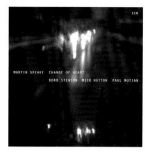

ECM 1831 2006
Ph: Sascha Kleis
Martin Speake
Change of Heart

ECM 1832/33 2002
D / Ph: Dorothy Darr
Charles Lloyd
Lift Every Voice

ECM 1834 2003
Ph: Sascha Kleis
Tord Gustavsen Trio
Changing Places

ECM New Series 1835 2004
Ph: Thomas Philios
Eugène Ysaÿe
Sonates pour violin solo, op. 27
Thomas Zehetmair

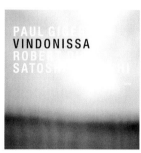

ECM 1836 2003
Ph: Sascha Kleis
Paul Giger
Vindonissa

ECM New Series 1837 2004
Ph: Sascha Kleis
Heinrich Ignaz Biber / Georg Muffat
Der Türken Anmarsch
John Holloway

ECM 1838/39 2003
Ph: Roberto Masotti
Sylvie Courvoisier / Mark Feldman /
Erik Friedlander
Abaton

ECM 1840 2003
Ph: Gérald Minkoff
Ghazal
The Rain

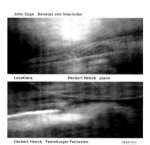

ECM New Series 1842/43 2003
Ph: Roberto Masotti
John Cage
Locations
Herbert Henck

ECM New Series 1844 2005
Ph: Roberto Masotti
John Cage
Early Piano Music
Herbert Henck

ECM 1845 2005
Ph: Juan Hitters
Dino Saluzzi / Jon Christensen
Senderos

ECM 1846 2003
Ph: Sascha Kleis
John Abercrombie / Mark Feldman /
Marc Johnson / Joey Baron
Class Trip

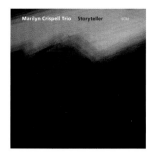

ECM 1847 2004
Ph: Sascha Kleis
Marilyn Crispell Trio
Storyteller

ECM New Series 1848/49 2003
Ph: Thomas Wunsch
Lauds and Lamentations
Music of Elliott Carter and Isang Yun
Heinz Holliger / Thomas Zehetmair /
Ruth Killius / Thomas Demenga

ECM New Series 1850/51 2004
Ph: Muriel Olesen
Tigran Mansurian
Monodia
Kim Kashkashian

ECM 1852 2003
Ph: Kjell Bjørgeengen
Evan Parker Electro-Acoustic
Ensemble
Memory / Vision

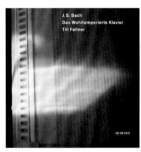

ECM New Series 1853/54 2004
Ph: Roberto Masotti
Johann Sebastian Bach
Das Wohltemperierte Klavier
Till Fellner

ECM New Series 1855 2005
Ph: Muriel Olesen
Igor Stravinsky / Johann Sebastian
Bach
Leonidas Kavakos / Péter Nagy

ECM 1856 2003
D: Georgia Alevisaki
Ph: Manos Chatzikonstantis
Savina Yannatou & Primavera en
Salonico
Terra Nostra

ECM 1857 2003
Ph: Ernest Pignon-Ernest
Louis Sclavis
Napoli's Wall

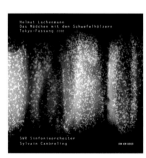

ECM 1858/59 2004
Ph: Thomas Wunsch
Helmut Lachenmann
Das Mädchen mit den Schwefelhölzern

ECM 1860 2003
Keith Jarrett / Gary Peacock /
Jack DeJohnette
Up For It

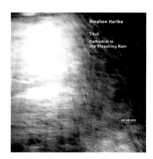

ECM New Series 1861 2003
Ph: Jacek Gwizdka
Stephen Hartke
Tituli / Cathedral in the Thrashing Rain
The Hilliard Ensemble / Makarski /
Vartan / Diaz / Crockett

ECM 1862 2004
Ph: Péter Nádas
Joe Maneri / Barre Phillips / Mat Maneri
Angles of Repose

ECM 1863 2003
Ph: unknown
Miroslav Vitous / Jan Garbarek /
Chick Corea / John McLaughlin /
Jack DeJohnette
Universal Syncopations

ECM 1864/65 2003
D: Olivier Delhaye
Dave Holland Quintet
Extended Play – Live at Birdland

ECM 1866 2004
Ph: Christoph Egger
Anders Jormin
In winds, in light

ECM 1868 2004
Ph: Jean-Luc Godard
Tomasz Stanko Quartet
Suspended Night

ECM New Series 1869 2004
Ph: Péter Nádas
Trio Mediaeval
Soir, dit-elle

ECM 1870 2005
Ph: Thomas Wunsch
Thomas Strønen / Bobo Stenson /
Fredrik Ljungkvist / Mats Eilertsen
Parish

ECM New Series 1871 2006
Ph: Max Franosch
Guiseppe Tartini / Donald Crockett
To Be Sung On The Water
Michelle Makarski

ECM 1872 2007
AW: Max Franosch
Roscoe Mitchell
Composition / Improvisation
Nos. 1, 2 & 3

ECM 1873 2008
AW: Max Franosch
Evan Parker
Boustrophedon

ECM New Series 1874 2007
Ph: Thomas Philios
Béla Bartók / Paul Hindemith
Zehetmair Quartet

ECM New Series 1875 2007
Ph: Gérald Minkoff
Johann Sebastian Bach
Motetten
The Hilliard Ensemble

ECM 1876 2004
Ph: Sascha Kleis
Jacob Young
Evening Falls

ECM 1877 2007
Ph: Robert Lewis
David Torn / Tim Berne / Craig Taborn /
Tom Rainey
Prezens

ECM 1878/79 2004
D: Dieter Rehm / Alisa Evdokimov
Ph: Dorothy Darr
Charles Lloyd / Billy Higgins
Which Way Is East

ECM 1880 2004
Ph: Jan Jedlička
Jan Garbarek
In Praise of Dreams

ECM New Series 1882 2004
AW: Howard Hodgkin
Frances-Marie Uitti / Paul Griffiths
there is still time

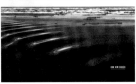

ECM New Series 1883 2005
Ph: Gidon Kremer
Franz Schubert
String Quartet G major
Gidon Kremer / Kremerata Baltica

ECM New Series 1884 2006
Ph: Sascha Kleis
Nicolas Gombert
Missa Media Vita In Morte Sumus
The Hilliard Ensemble

ECM New Series 1885 2004
Ph: Dimitris Sofikitis
Eleni Karaindrou
The Weeping Meadow

ECM 1886 2004
Ph: Jon Balke
Jon Blake & Magnetic North Orchestra
Diverted Travels

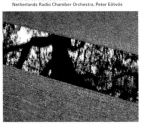

ECM New Series 1887 2007
Ph: Jan Jedlička
Friedrich Cerha / Franz Schreker
Heinrich Schiff / Netherlands Radio
Chamber Orchestra / Peter Eötvös

ECM New Series 1888 2004
AW: Jan Jedlička
Georges Ivanovitch Gurdjieff /
Vassilis Tsabropoulos
Chants, Hymns and Dances
Anja Lechner / Vassilis Tsabropoulos

ECM New Series 1889 2005
Ph: Roberto Masotti
Veracini Sonatas
John Holloway / Jaap ter Linden /
Lars Ulrik Mortensen

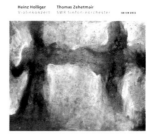

ECM New Series 1890 2004
AW: Louis Soutter
Heinz Holliger / Eugène Ysaÿe
Violinkonzert
Thomas Zehetmair

ECM 1891 2005
Ph: Thomas Wunsch
Marcin Wasilewski / Slawomir
Kurkiewicz / Michal Miskiewicz
Trio

ECM 1892 2004
Ph: Sascha Kleis
Tord Gustavsen Trio
The Ground

ECM New Series 1893 2006
Ph: Jan Jedlička
Stephen Stubbs
Teatro Lirico

ECM 1894 2005
Ph: Sascha Kleis
Marc Johnson
Shades of Jade

ECM New Series 1895 2006
Ph: Ruben Mangasaryan
Tigran Mansurian
Ars Poetica

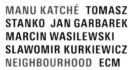

ECM 1896 2005
Manu Katché
Neighbourhood

ECM 1897 2004
D: Dieter Rehm
Ph: Kaneto Shindo
Stephan Micus
Life

ECM New Series 1898/99 2004
Ph: Vladimir Mishukov
Valentin Silvestrov
Silent Songs

ECM 1900 2004
Ph: Thomas Wunsch
Keith Jarrett / Gary Peacock /
Jack DeJohnette
The Out-of-Towners

ECM 1901 2005
Ph: Thomas Wunsch
Christian Wallumrød Ensemble
A Year From Easter

ECM 1902 2005
Ph: Thomas Wunsch
Paul Motian / Bill Frisell / Joe Lovano
I Have The Room Above Her

ECM 1903 2005
D: Georgia Alevisaki / Sascha Kleis
Ph: Manos Chatzikonstantis
Savina Yannatou & Primavera en
Salonico
Sumiglia

ECM 1904 2005
Ph: Ioannis Voulgarakis
Bobo Stenson / Anders Jormin /
Paul Motian
Goodbye

ECM New Series 1905 2005
Ph: Sascha Kleis
Tigran Mansurian
String Quartets
Rosamunde Quartett

ECM 1906 2006
Ph: Gérald Minkoff
Susanne Abbuehl
Compass

ECM 1907 2005
Ph: Robert Lewis
Gianluigi Trovesi / Gianni Coscia
Round About Weill

ECM 1908 2005
Ph: Giorgos Vavilousakis
Arild Andersen Group
Electra

ECM New Series 1909/10 2006
Ph: Christoph Egger
Johann Sebastian Bach
The Sonatas and Partitas for Violin Solo
BWV 1001–1006
John Holloway

ECM 1911 2005
D / Ph: Dorothy Darr
Charles Lloyd
Jumping the Creek

ECM New Series 1912 2006
Ph: Thomas Wunsch
Arthur Honegger / Bohuslav Martinů /
Johann Sebastian Bach /
Matthias Pintscher / Maurice Ravel
Frank Peter Zimmermann / Heinrich

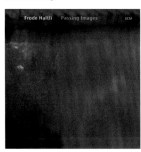

Schiff

ECM 1913 2007
Ph: Giorgos Vavilousakis
Frode Haltli
Passing Images

ECM New Series 1914 2006
AW: Mayo Bucher
Thomas Demenga / Thomas Larcher /
Teodoro Anzellotti
Chonguri

ECM 1915 2006
Ph: Thomas Wunsch
Anouar Brahem
Le Voyage de Sahar

ECM 1917 2006
Ph: Jean-Guy Lathuilière
Paul Motian Band
Garden of Eden

ECM 1918 2005
Ph: Klaus Auderer
Iro Haarla
Northbound

ECM New Series 1919 2007
Ph: Erkki-Sven Tüür
Erkki-Sven Tüür
Oxymoron

ECM 1920 2007
Ph: Gert Rickmann-Wunderlich
Eberhard Weber
Stages Of A Long Journey

ECM 1921 2005
Ph: Jean-Guy Lathuilière
Enrico Rava
Tati

ECM New Series 1922 2006
Ph: Jan Jedlička
Rolf Lislevand
Nuove musiche

ECM 1923 2005
Ph: Vladimir Mishukov
The Return / Film by Andrey
Zvyagintsev
Music by Andrey Dergatchev

ECM 1924 2005
Ph: Max Franosch
Evan Parker / Electro-Acoustic
Ensemble
The Eleventh Hour

ECM New Series 1925 2008
Ph: Eberhard Ross
Garth Knox
D'Amore

ECM New Series 1926/27 2005
Johann Sebastian Bach
The Sonatas and Partitas for Violin Solo
Gidon Kremer

ECM 1928 2006
Ph: Peter Neusser
Mark Feldman
What Exit

ECM New Series 1929 2005
Ph: Gérald Minkoff
Trio Mediaeval
Stella Maris

MAYA HOMBURGER
MURIEL CANTOREGGI
MÜNCHENER
KAMMERORCHESTER
CHRISTOPH POPPEN

ECM New Series 1930 2005
Arvo Pärt
Lamentate

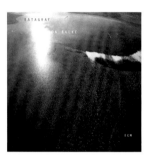

ECM New Series 1931 2005
Barry Guy
Folio

ECM 1932 2005
Ph: Jon Balke
Jon Balke
Batagraf

ECM 1933/34 2005
Ph: Caterina Di Perri
Stefano Battaglia
Raccolto

ECM New Series 1935 2007
Ph: Sascha Kleis
Valentin Silvestrov
Symphony No. 6

ECM New Series 1936 2008
Ph: Eberhard Ross
The Hilliard Ensemble
Audivi Vocem
Thomas Tallis / Christopher Tye /
John Sheppard

ECM New Series 1937 2007
Ph: Sascha Kleis
Johann Ludwig Trepulka /
Norbert von Hannenheim
Klavierstücke und Sonaten
Herbert Henck

ECM New Series 1938 2008
Ph: Jean-Guy Lathuilière
Monika Mauch / Nigel North
A Musical Banquet

ECM 1939 2006
Ph: Jean-Guy Lathuilière
Nik Bärtsch's Ronin
Stoa

ECM New Series 1940/41 2005
AW: Jan Jedlička
Ludwig van Beethoven
The Piano Sonatas, Vol. I
András Schiff

Volume III Sonatas opp. 14, 22 and 49

ECM New Series 1942 2006
AW: Jan Jedlička
Ludwig van Beethoven
The Piano Sonatas, Vol. II
András Schiff

Volume IV Sonatas opp. 26, 27 and 28

ECM New Series 1943 2006
AW: Jan Jedlička
Ludwig van Beethoven
The Piano Sonatas, Vol. III
András Schiff

Volume V Sonatas opp. 31 and 53

ECM New Series 1944 2007
AW: Jan Jedlička
Ludwig van Beethoven
The Piano Sonatas, Vol. IV
András Schiff

Volume VI Sonatas opp. 54, 57, 78, 79 and 81a

ECM New Series 1945/46 2007
AW: Jan Jedlička
Ludwig van Beethoven
The Piano Sonatas, Vol. V
András Schiff

Volume VII Sonatas opp. 90, 101 and 106

ECM New Series 1947 2008
AW: Jan Jedlička
Ludwig van Beethoven
The Piano Sonatas, Vol. VI
András Schiff

Volume VIII Sonatas opp. 109, 110 and 111

ECM New Series 1948 2008
AW: Jan Jedlička
Ludwig van Beethoven
The Piano Sonatas, Vol. VII
András Schiff

ECM New Series 1949 2008
AW: Jan Jedlička
Ludwig van Beethoven
The Piano Sonatas, Vol. VIII
András Schiff

ECM New Series 1952/53 2006
Ph: Haris Akriviadis
Eleni Karaindrou
Elegy of the Uprooting

ECM 1954 2007
Ph: Gérald Minkoff
Louis Sclavis
L'imparfait des langues

ECM New Series 1955 2008
Ph: Sascha Kleis
Helena Tulve
Lijnen

ECM 1956 2007
Ph: Thomas Wunsch
John Surman
The Spaces In Between

ECM New Series 1957 2008
Ph: Sascha Kleis
Alexander Knaifel
Blazhenstva

ECM New Series 1958 2007
Ph: Juan Hitters
Luys de Narváez
Musica del Delphin
Pablo Marquez

ECM New Series 1959 2006
Ph: Jean-Guy Lathuilière
Valentin Silvestrov / Arvo Pärt /
Galina Ustvolskaya
Misterioso
Lubimov / Trostansky / Rybakov

ECM 1960/61 2005
Ph: Peter Neusser
Keith Jarrett
Radiance

ECM 1962 2008
Ph: Sascha Kleis
Marilyn Mazur
Elixir

ECM New Series 1963 2006
Ph: Peter Neusser
Giacinto Scelsi
Natura Renovatur

ECM 1964 2006
Ph: Thomas Wunsch
Stefano Bollani
Piano Solo

ECM New Series 1965 2006
Ph: Péter Nádas
György Kurtág
Kafka-Fragmente
Juliane Banse / András Keller

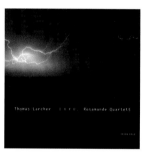

ECM 1966 2006
Ph: Jean-Guy Lathuilière
The Source

ECM New Series 1967 2006
Ph: Christoph Egger
Thomas Larcher
IXXU
Rosamunde Quartett

ECM 1968 2006
Ph: Jean-Guy Lathuilière
Ralph Towner
Time Line

ECM 1969 2006
Ph: Caroline Forbes
Robin Williamson
The Iron Stone

ECM New Series 1970 2008
Ph: Gérald Minkoff
The Dowland Project
Romaria

ECM 1971 2006
Ph: Thomas Wunsch
Miki N'Doye
Tuki

ECM 1972/73 2006
Trio Beyond
Jack DeJohnette / Larry Goldings /
John Scofield
Saudades

ECM New Series 1975 2007
Ph: Jean-Luc Godard
Kim Kashkashian / Robert Levin
Songs from Spain and Argentina
Asturiana

ECM 1976 2006
Ph: Dorothy Darr
Charles Lloyd / Zakir Hussain /
Eric Harland
Sangam

ECM 1977 2006
Ph: Jean-Guy Lathuilière
Pierre Favre Ensemble
Fleuve

ECM 1978 2006
Ph: Juan Hitters
Dino Saluzzi Group
Juan Condori

ECM 1979 2006
Ph: Christoph Egger
François Couturier
Nostalghia – Song for Tarkovsky

ECM 1980 2006
Ph: Sascha Kleis
Tomasz Stanko Quartet
Lontano

ECM 1981 2006
Ph: Ara Güler
Kayhan Kalhor / Erdal Erzincan
The Wind

ECM 1982 2007
Ph: Arne Reimer
Enrico Rava Quintet
The Words And The Days

ECM 1983 2007
Ph: Peter Neusser
Gianluigi Trovesi / Umberto Petrin /
Fulvio Maras
Vaghissimo Ritratto

ECM 1984 2006
Ph: Sascha Kleis
Terje Rypdal
Vossabrygg

ECM New Series 1985 2006
D: Vladimir Yurkovic
Vladimír Godár
Mater

ECM 1986 2008
Ph: Sascha Kleis
John Surman / Howard Moody
Rain On The Window

ECM 1987 2006
D: Dieter Rehm
Ph: Claudine Doury
Stephan Micus
On The Wing

ECM New Series 1988 2007
Ph: Jan Jedlička
Valentin Silvestrov
Bagatellen und Serenaden

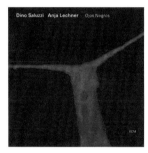

ECM 1989 2006
Ph: Richard Termine
Keith Jarrett
The Carnegie Hall Concert

ECM 1991 2007
AW: Jan Jedlička
Dino Saluzzi / Anja Lechner
Ojos Negros

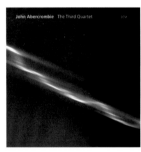

ECM 1992 2007
Ph: Sascha Kleis
Paul Motian
Time and Time Again

ECM 1993 2007
Ph: Max Franosch
John Abercrombie
The Third Quartet

ECM 1994 2007
Ph: Sascha Kleis
Anat Fort
A Long Story

ECM 1995 2008
Ph: Thomas Wunsch
Misha Alperin
Her First Dance

ECM 1996 2007
Ph: Jim Bengston
Sinikka Langeland
Starflowers

ECM 1997 2007
Ph: Sascha Kleis
Jacob Young
Sideways

ECM 1998/99 2007
Ph: Pier Paolo Pasolini
Stefano Battaglia
Re: Pasolini

ECM New Series 2001/02 2009
AW: Jean Marc Dellac
Johann Sebastian Bach
Six Partitas
András Schiff

ECM New Series 2003 2007
Ph: Guido Gorna
Trio Mediaeval
Folk Songs

ECM 2004 2007
Ph: Thomas Wunsch
Wolfert Brederode Quartet
Currents

ECM 2005 2007
Ph: Jean-Guy Lathuilière
Christian Wallumrød Ensemble
The Zoo Is Far

ECM New Series 2009 2008
Ph: Sascha Kleis
John Holloway
Leclair Sonatas

ECM 2010 2007
Ph: Jon Balke
Jon Balke
Book of Velocities

ECM 2013 2007
Ph: Sascha Kleis
Miroslav Vitous
Universal Syncopations II

ECM New Series 2014 2007
Ph: Paul Giger
Paul Giger / Marie-Louise Dähler
Towards Silence

ECM New Series 2015 2008
Ph: Gérald Minkoff
Frank Martin
Triptychon

ECM 2016 2007
Ph: Darius Khondji
Manu Katché
Playground

ECM 2017 2007
Ph: Jean-Guy Lathuilière
Tord Gustavsen Trio
Being There

ECM 2019 2008
Ph: Thomas Wunsch
Marcin Wasilewski Trio
January

ECM 2020 2007
Ph: Rüdiger Scheidges
Enrico Rava / Stefano Bollani
The Third Man

ECM 2021 / 22 2007
Ph: Sascha Kleis
Keith Jarrett / Gary Peacock /
Jack DeJohnette
My Foolish Heart

ECM 2023 2008
Ph: Thomas Wunsch
Bobo Stenson Trio
Cantando

ECM New Series 2024 2007
Ph: Muriel Olesen
Gustav Mahler / Dmitri Shostakovich
Gidon Kremer / Kremerata Baltica

ECM New Series 2025 2009
Ph: Max Franosch
Alfred Schnittke
Symphony No.9

ECM New Series 2026 2008
Ph: John Sanchez
Meredith Monk
Impermanence

ECM 2027 2008
Ph: Sascha Kleis
Marilyn Crispell
Vignettes

ECM 2028 2008
Ph: Jean-Luc Godard
Norma Winstone / Glauco Venier /
Klaus Gesing
Distances

KEITH JARRETT
SETTING STANDARDS
GARY PEACOCK
NEW YORK SESSIONS
JACK DEJOHNETTE

ECM

ECM New Series 2029 2008
Ph: Manos Chatzikonstanzis
Joseph Haydn / Isang Yun
Farewell
Münchener Kammerorchester /
Alexander Liebreich

**DON CHERRY
NANA VASCONCELOS
COLLIN WALCOTT**
THE CODONA TRILOGY

ECM

ECM 2030–32 2008
Keith Jarrett / Gary Peacock /
Jack DeJohnette
Setting Standards

GARY BURTON
CRYSTAL SILENCE
CHICK COREA

**THE ECM RECORDINGS
1972–79**

ECM 2033–35 2008
Don Cherry / Nana Vasconcelos /
Collin Walcott
The Codona Trilogy

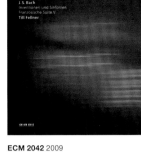

ECM 2036–39 2009
Gary Burton / Chick Corea
Crystal Silence – The ECM Recordings
1972–79

ECM 2042 2009
Ph: Amina Alaoui
Jon Balke / Amina Alaoui
Siwan

ECM New Series 2043 2009
Ph: Sascha Kleis
Johann Sebastian Bach
Inventionen und Sinfonien
Till Fellner

ECM 2044 2008
Ph: Thomas Wunsch
Trygve Seim / Frode Haltli
Yeraz

ECM New Series 2045 2009
Ph: Manuel Heyer
Alfred Zimmerlin
Euridice

ECM 2046 2009
Ph: Lukas Rehm
John Surman
Brewster's Rooster

ECM New Series 2047 2008
Ph: Barbara Klemm
Robert Schumann
The Violin Sonatas
Carolin Widmann / Dénes Varjon

ECM 2048 2007
Ph: Thomas Wunsch
Vassilis Tsabropoulos / Anja Lechner /
U. T. Gandhi
Melos

ECM 2049 2008
Ph: Thomas Wunsch
Nik Bärtsch's Ronin
Holon

ECM New Series 2050 2009
Arvo Pärt
In Principio

ECM 2052 2008
Ph: Arne Reimer
Ketil Bjørnstad / Terje Rypdal
Life in Leipzig

ECM 2053 2008
Ph: Dorothy Darr
Charles Lloyd
Rabo de Nube

ECM 2054 2008
D: EM Graphics
Michael Mantler
Concertos

ECM New Series 2055 2009
Ph: Gérald Minkoff
Heinz Holliger
Clara Schumann
Romancendres

ECM 2056 2007
Ph: Hans Frederik Asbjørnsen
Ketil Bjørnstad
The Light

ECM 2057 2007
Ph: Thanos Hondros
Savina Yannatou
Songs Of An Other

ECM 2058 2008
Ph: Manos Chatzikonstantis
Xavier Charles / Ivar Grydeland /
Christian Wallumrød / Ingar Zach
Dans les arbres

ECM 2059 2008
Ph: Jean-Guy Lathuilière
Mathias Eick
The Door

ECM 2060 2009
Ph: Thomas Wunsch
Keith Jarrett / Gary Peacock /
Jack DeJohnette
Yesterdays

ECM 2061 2009
Ph: Jan Kricke
Othmar Schoeck
Notturno
Rosamunde Quartett /
Christian Gerhaher

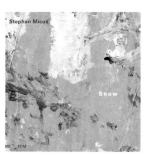

ECM 2062 2009
Ph: Jean-Guy Lathuilière
Andy Sheppard
Movements in Colour

ECM 2063 2008
D: Dieter Rehm
AW: Eduard Micus
Stephan Micus
Snow

ECM 2064 2008
Ph: Robert Lewis
Enrico Rava
New York Days

ECM New Series 2065 2009
Ph: Jan Kricke
Betty Olivero / Tigran Mansurian /
Eitan Steinberg
Neharót
Kim Kashkashian

ECM 2066 2009
Ph: Caroline Forbes
Evan Parker Electro-Acoustic
Ensemble
The Moment´s Energy

ECM 2067 2009
Ph: Dag Alveng
Fly
Sky & Country

ECM 2068 2008
Ph: Sascha Kleis
Gianluigi Trovesi
Profumo di violetta

ECM 2069 2007
Ph: Jan Kricke
Nils Økland
Monograph

ECM New Series 2070 2008
Ph: Andreas Sinanos
Eleni Karaindrou
Dust of Time

ECM New Series 2071 2007
Ph: Chris Tribble
Ambrose Field / John Potter
Being Dufay

ECM 2073 2009
Ph: Sascha Kleis
Miroslav Vitous Group
Remembering Weather Report

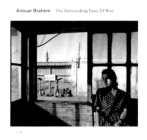

ECM New Series 2074 2008
Ph: Thomas Wunsch
Bernd Alois Zimmermann
Canto di speranza

ECM 2075 2009
Ph: Fouad Elkoury
Anouar Brahem
The Astounding Eyes Of Rita

ECM 2076 2008
Ph: Filip Zorzor
Marc Sinan / Julia Hülsmann
Fasil

ECM 2077 2009
Ph: Gérald Minkoff
Jon Hassell
Last night the moon came dropping its
clothes in the street

ECM 2078 2008
Ph: Thomas Wunsch
Arild Andersen Trio
Live at Belleville

ECM 2079 2008
Ph: Wilfried Krüger
Julia Hülsmann Trio
The End of a Summer

ECM 2080 2009
AW: Eberhard Ross
Stefano Bollani
Stone In The Water

ECM 2081 2008
Ph: Sascha Kleis
Vassilis Tsabropoulos
The Promise

ECM 2082/83 2009
Ph: Klaus Auderer
Egberto Gismonti
Saudações

ECM 2084 2009
Ph: Jan Kricke
Cyminology
As Ney

ECM 2086 2008
Ph: Thomas Wunsch
Arve Henriksen
Cartography

ECM 2088 2009
Ph: Jean-Guy Lathuilière
Rolf Lislevand
Diminuito

ECM 2090–92 2008
Steve Kuhn
Life's Backward Glances

ECM 2093/94 2009
Manfred Schoof Quintet
Resonance

ECM New Series 2097 2009
Ph: Thomas Wunsch
László Hortobágyi / György Kurtág jr. /
Miklós Lengyelfi
Kurtágonals

ECM 2098 2009
Ph: Louis Sclavis
Louis Sclavis
Lost on the Way

ECM 2099 2009
Steve Kuhn Trio
Mostly Coltrane

ECM 2100/01 2009
AW: Eberhard Ross
Jan Garbarek Group
Dresden - In Concert

ECM 2102 2009
Ph: Dieter Rehm
John Abercrombie Quartet
Wait Till You See Her

ECM 2103 2009
Ph: Thomas Wunsch
François Couturier
Un jour si blanc

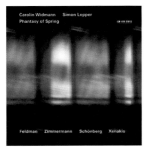

ECM 2107 2009
Ph: Jan Kricke
Tord Gustavsen Ensemble
Restored, Returned

ECM New Series 2113 2009
Ph: Wunsch / Kleis
Feldman / Zimmermann / Schönberg /
Xenakis
Phantasy of Spring
Carolin Widmann / Simon Lepper

ECM 2115 2009
Ph: Jean-Guy Lathuilière
Tomasz Stanko Quintet
Dark Eyes

ECM 2117 2009
Ph: Rusanna Werbicki
Valentin Silvestrov
Sacred Works

ECM 2118 2009
AW: Eberhard Ross
Christian Wallumrød Ensemble
Fabula Suite Lugano

ECM New Series 2124 2009
Ph: Jean Marc Dellac
Niccolò Paganini
24 Capricci
Thomas Zehetmair

ECM 2130–32 2009
Ph: Juan Hitters
Keith Jarrett
Testament. Paris/London

rarum I 2002
Keith Jarrett
Selected Recordings

rarum II 2002
Jan Garbarek
Selected Recordings

rarum III 2002
Chick Corea
Selected Recordings

rarum IV 2002
Gary Burton
Selected Recordings

rarum V 2002
Bill Frisell
Selected Recordings

rarum VI 2002
Art Ensemble of Chicago
Selected Recordings

rarum VII 2002
Terje Rypdal
Selected Recordings

PAT METHENY
SELECTED
RECORDINGS
ECM

:rarum

rarum VIII 2002
Bobo Stenson
Selected Recordings

rarum IX 2004
Pat Metheny
Selected Recordings

rarum X 2004
Dave Holland
Selected Recordings

rarum XI 2004
Egberto Gismonti
Selected Recordings

rarum XII 2004
Jack DeJohnette
Selected Recordings

rarum XIII 2004
John Surman
Selected Recordings

rarum XIV 2004
John Abercrombie
Selected Recordings

rarum XV 2004
Carla Bley
Selected Recordings

rarum XVI 2004
Paul Motian
Selected Recordings

rarum XVII 2004
Tomasz Stanko
Selected Recordings

rarum XVIII 2004
Eberhard Weber
Selected Recordings

rarum XIX 2004
Arild Andersen
Selected Recordings

rarum XX 2004
Jon Christensen
Selected Recordings

索引

人物小传

杰夫·安德鲁（Geoff Andrew），1954 年生，伦敦南岸中心电影研究所电影项目组负责人，《Time Out 伦敦》兼职编辑。他定期为《Sight&Sound》杂志供稿，曾出版数本与电影相关的书籍，包括了对尼古拉斯·雷、阿巴斯·基阿鲁斯达米和克日什托夫·基耶斯洛夫斯基的研究。偶尔也写乐评。

克提尔·比约恩斯塔（Ketil Bjørnstad），1952 年生，挪威钢琴家。曾是古典钢琴演奏家，后投身于爵士乐。他参与了超过 50 种唱片的作曲、编曲和演出，这些音乐曾被多部影片采用；除此之外，比约恩斯塔曾出版包括小说、诗歌和散文在内的书籍共 30 多种。

马约·布赫尔（Mayo Bucher），1963 年生，瑞士艺术家。他曾求学于苏黎世工艺美院，即今日的苏黎世艺术与设计学院（HGKZ），并在苏黎世工作和生活。自 1996 年起，他在多个学院任教，包括卢塞恩艺术与设计学院、莱比锡视觉艺术学院（HGB）和波士顿大学。

克里斯托弗·艾格（Christoph Egger），1947 年生，先后在苏黎世、蒙特利尔和斯德哥尔摩从事德语、罗曼语及斯堪的纳维亚语的研究。1987 年开始担任《苏黎世新日报》电影版块的评论员和编辑。自青年时代起就爱好摄影。其作品深受北欧、北欧当地人及其文化的影响。

卡塔琳娜·艾普莱西特（Katharina Epprecht），1961
年生，苏黎世莱特伯格博物馆副总监，专门策展日本艺术
并负责媒介沟通。曾分别在苏黎世和京都学习欧洲及东亚
艺术史，博士论文的主题是日本绘画。

马克斯·弗兰诺什（Max Franosch），1978 年生，自
学成才的平面设计师。除了设计与印制，绘画与摄影在他
的作品中也占了极大比重。他住在伦敦，拥有自己的平面
设计工作室。

胡安·希特斯（Juan Hitters），1966 年生，心理分析
专业毕业，在成为摄影师之前是一位心理分析师。居住于
布宜诺斯艾利斯，在阿根廷天主教大学（UCA）教授广告
摄影学。

扬·耶德利奇卡（Jan Jedlička），1944 年生，从布拉
格美术学院毕业后，于 1969 年移民到瑞士，并居住至今。
他主要从事摄影、电影与绘画工作，尤其擅长水彩画。艺
术家的多媒体系列作品是其创作中的核心组成部分。

让－居伊·拉图里耶（Jean-Guy Lathuilière）是一位
摄影家。他曾学习文学与美术，20 世纪 70 年代末转向摄
影，从此开始视觉研究，并使用暗箱、针孔相机等做创作
实验。

罗贝托·马索提（Roberto Masotti），生于1947年。专业是工业设计，后将重心转向摄影与视觉艺术。他从1973年开始与ECM紧密合作。1979年到1996年间，他是米兰斯卡拉剧院（the Teatro della Scala）的官方摄影师。他曾为多位作曲家与音乐家——包括阿沃·帕特和贾钦托·谢尔西（Giacinto Scelsi）——的音乐制作现场视频与装置。

杰拉德·明科夫（Gérald Minkoff，1937—2009），曾在日内瓦大学学习考古学、生物学和民族学，在1968年投身摄影与视频艺术之前曾任科学教师。自1967年起，他与穆里尔·奥里森合作紧密。

拉斯·缪勒（Lars Müller），1955年生。1982年于瑞士巴登创办自己的视觉交流工作室，1983年开始任出版人，专注于世界各地的建筑、设计、艺术、摄影和社会环境。他定期教学，是国际平面设计联盟（AGI）的成员。

彼得·纳达斯（Péter Nádas），1942年生，匈牙利作家，作品包括小说、戏剧与散文。其职业生涯从摄影记者和通讯员开始；1969年起，他的重心完全放到了文学上。他的文学作品曾获得多个奖项。

穆里尔·奥里森（Muriel Olesen），1948 年生，是一位训练有素的平面艺术家。他与杰拉德·明科夫的合作始于 1967 年。其艺术作品包括摄影、视频、绘画、装置与演出。

　　埃伯哈德·罗斯（Eberhard Ross），1959 年生，在埃森大学（前身是富特旺根学院）学习美术。摄影创作成为他绘画的起点。最初仅作为绘画动机的摄影创作，如今被视为其作品中的独立组成部分。

　　托马斯·施泰因费尔德（Thomas Steinfeld），1954 年生，德国慕尼黑《南德意志日报》艺术版与特写版的主编，同时在瑞士卢塞恩任文化研究教授。他曾出版多部书籍，包括《即兴反复》（*Riff*，2000），一部关于流行音乐的哲学理念的著作。他住在慕尼黑和瑞典波罗的海岸边。

　　托马斯·伍恩什（Thomas Wunsch），1957 年生，摄影师。1980 年他在汉堡开办了摄影工作室，从此专注于商业摄影，尤其擅长时尚、静态摄影及人物肖像照。1984 年搬到美国后，他曾多年在一个电影工作室中担任全职剧照摄影师。

对话曼弗雷德·艾歇尔——"不那么明显"

张璐诗

2009 年秋天，我在波恩，发觉每一家唱片店里都有一块偌大的牌子上写着"ECM 40 年"。ECM，"当代音乐合辑"的英文缩写，它是全球当代音乐录制与出版的一面大旗。自 1969 年由德国人曼弗雷德·艾歇尔创办以来，ECM 早就被全球乐迷与乐评人视为即兴音乐与当代记谱音乐的最重要厂牌；而一力担当制作人、编辑与发行人，至今依然亲自制作旗下 95% 唱片的艾歇尔，则成为全球当代音乐界一个重要的角色。1984 年，ECM 开拓了"新系列"，在原本的即兴音乐之外，补充了从中世纪音乐到当代音乐的记谱音乐的录制与推介。40 年来，通过 ECM 成名或扩大了名声的音乐家包括基思·贾勒特、史蒂夫·莱克等人。不过，艾歇尔说，不会再考虑开辟新的唱片系列了。从 1990 年起，在每张 ECM 唱片的开头，音乐响起前，都先有 5 秒钟的静默——空间感，一向是艾歇尔的意图。

2012 年，ECM 在慕尼黑举办了厂牌创始以来最大规模的回顾展览，展出了一百多张体现 ECM 美学理念的唱片封套、一批历史录音档案，以及图片、视频。这场以"文化遗产"命名的大展，以艾歇尔与史蒂夫·莱克于 1974 年并肩在录音室里的黑白合影作为题图照片。照片放得很大，铺满了入口的一面墙。

迄今为止，中国大陆还没有 ECM 的唱片代理商，唯一的经销商设在香港地区。2013 年，在由我担任演出经理的斯蒂芬·米库斯（Stephan Micus）上海音乐会之后，有人拿着一张印有他 22 岁照片的黑胶唱片上台索要签名，并有十几位中国乐迷围拢斯蒂芬，对他出过的唱片、用过的乐器如数家珍，令音乐家又惊又喜。2009 年，我在德国见到艾歇尔时，他也对中国乐迷对 ECM 的熟悉程度始料不及。他们所不知道的是，从打口唱片时代基思·贾勒特系列现场独奏会的启蒙，到 20 世纪 90 年代末北欧新爵士盗版的大量涌入，再到今日网络下载时代 ECM 目录的渐趋完整——ECM 与国内大量乐迷的"地下情"，已超过 20 年。

我从高中开始陆续收藏 ECM 的打口唱片，无论音乐还是唱片封套，它们都是我的"极简"美学概念启蒙。在翻译这本书的过程中，出版人拉斯·缪勒对于 ECM 摄影美学的诠释，说出了我多年"意中所有而语中所无"的一段话："与其说是对视野之内实物的描摹，它们更像是记忆的余像。眼之所见并不重要……重要的是照片对过去和未来的影射。"

2009 年，当我偶然见到 ECM 正以"创办 40 年"的名义在大本营德国的各个唱片店做活动时，直觉让我立即去上网搜索，很快就发现了当时正在进行的"Enjoy Jazz 爵士音乐节"恰好也在为 ECM 庆生，请了多组 ECM 的艺术家举办音乐会。但最终令我有冲动发邮件给对方的原因是，节目单显示在曼海姆大学举办的"ECM 40 年"论坛，嘉宾包括厂牌创始人曼弗雷德·艾歇尔。

于是我很快计划了去曼海姆的行程。在曼海姆大学的阶梯教室里，我预想的座无虚席没有出现，划花了的木楼里，坐着四五位从柏林、加拿大、日本赶来的乐评人，其中一两位还是发言嘉宾。休息时间，有人指了指外面一位头发灰白的高个子：那就是曼弗雷德·艾歇尔。我便上前去向他自我介绍，之后我们聊了大半个小时。我记得，除了由些许使命感支撑，问了关于基思·贾勒特、抽象唱片美学的问题之外，出于私心驱使，我更想听 ECM 老板多说说那些总是有着室内乐亲密感的录音，还想知道他与我极喜欢的演员布鲁诺·甘茨（Bruno Ganz）的交往。

曼弗雷德·艾歇尔当时说的很多话，都确认了我过去的想象。我尤其记得，他提及选择音乐人和作品的"标准"，一定是"不那么明显的"（not so obvious）——"一束光、一个眼神"。那几天在曼海姆的爵士节，艾歇尔每一场演出都来看，我们天天碰面，每次他迎面走来，也会打一个不那么明显的招呼。在我翻译这本书时，几乎每个拐角都会遇到令我记起这些话的线索。在我们的交谈中，当我请艾歇尔推荐一本书时，他不假思索说出的是埃德蒙·雅贝斯的《问题之书》。在本书的开头，我们就先读到了一段《问题之书》的引语。

ECM 是个乌托邦，突尼斯的乌德琴，黎巴嫩、瑞典、德国乐手们彼此聆听，作乐时咧着嘴，还张开眼与心。那时我刚刚参加过在法兰克福举行的"德国书业和平奖"颁奖礼，获奖作家克劳迪奥·马格里斯深谙"不同文化为彼此辩护"之道，而艾歇尔让它们各自发声。

对话

张璐诗：ECM 40 年前的第一张专辑叫《终于自由了》（*Free At Last*）。40 年后，自由的感觉变了吗？

艾歇尔：40 年来很多事情都变了，但我寻找音乐的理念从没变过，我对音乐的爱、我的能量还是一样。

张璐诗：ECM 的选择广泛得很，当你发现音乐家时，是更关注氛围和感觉，还是内容？

艾歇尔：我做决定靠直觉，而且很私人化，有时可以是一束光、一个眼神接触、一阵声响……微妙的细节引起我的兴趣，想去发掘里面的内容。重要的是去寻找不那么明显的东西，寻找在第一、第二层次背后的东西，这样时常能得到启发。张艺谋的《大红灯笼高高挂》给我很深的印象，他使用原声音乐的方式、导演手法都很有力量，让我震动。有一次电影节，我跟他一起坐在评审席上，10 天时间，我每天跟他聊天，听他讲电影概念，那段时间我的创作效率很高。有时候这种方式对我在音乐上的启发更大。我从来不专门去音乐节上"物色"音乐家。我在哪里都能发现音乐，但偏偏不会从音乐会上获得。

张璐诗：当你的第一印象跟创作者本人的动机不同时怎么办呢？

艾歇尔：有时对你心爱的东西，最好不要离得太近，不然会对其中的内容失望。不过通常我听到特别的声响细节，大概就知道这人有与众不同的地方。这个人也许是剧场里的工作人员，但可能比乐队里的首席乐手更有趣。内容与环境相扣。我需要做的就是将我的"天线"调敏锐了，在刚刚好的时间里接收到我想要的讯息。

　　张璐诗：你跟音乐家合作时，会用 ECM 的理念去影响他们，还是鼓励他们带来新的东西？

　　艾歇尔：我们会一起创作，我的角色像个电影导演，而音乐家是演员。不过我也是学音乐出身的，以前在柏林音乐学院上的学，后来才成为唱片制作人。对我来说很重要的是，在正式录音前，大家一起在录音室或音乐厅里，讨论录音内容时所制造出的氛围。然后我要将这种氛围传递到录音过程里。电影导演透过镜头静静地看，而我则是透过音乐的慢动作静静地看，我想制造出一种私人化的感觉和氛围。这一切放在一起时，声音本身并不是音乐，声音只是将音乐内容传输到文化中的手段。可能正是因为某种独特的信息通过音乐传递了出去，所以无论在爱尔兰、波兰还是中国，到处都有人喜欢 ECM 的东西。这种信息不需要任何语言，便可穿越国境，因为音乐已构筑起自身的对话和表达方式。

　　张璐诗：在 ECM 的录音里，一直存在像室内乐那样，乐手彼此聆听的细腻感。

　　艾歇尔：没错，那是我的理念。想要在录制即兴爵士乐时也采纳室内乐演奏的原则——乐手们交换思考，彼此对话。

张璐诗：音乐是抽象不可描述的，但视觉也是 ECM 的重要组成。曾经有过视觉束缚音乐的感觉吗？

艾歇尔："我们但愿能看得见'聆听'。听见就是过程。"这是布列松说的话。聆听，对我来说，就像戈达尔所说的，是"影像的声音"。声音是先行于影像的，这也是我剪辑自己影片的手法。

我不想去束缚音乐，音乐的本性是自由的，有时甚至意味着乌托邦和对话。对我而言，敢于冒险很重要。我不要待在特定的条框里，很有安全感、很安定，在土壤里有计划地播种，计划本身就很拘束。我更倾向于"看见了水就跳进去游泳"的做法——我制作唱片完全随兴而为。但假如我有了一个想法，就会不依不饶地按部就班实现它。

张璐诗：说起影像，我想问这个问题很久了——你与布鲁诺·甘茨经常来往吗？

艾歇尔：布鲁诺·甘茨，他是一个很亲密的朋友、一个很出色的演员，人非常好。最近有瑞士导演为 ECM 制作了一部叫《静默之声》的片子，布鲁诺·甘茨没有出镜，但是他与我对话，所有问题都由他提出，答案也是他给的。哦对了，这让我想起来，我需要在音乐里感觉到诗意。我热爱音乐中的诗性，而这也跟布鲁诺·甘茨在电影中的演出、他说的话，以及他用声的方式很相近。

张璐诗：唱片业的低迷，对 ECM 的影响有多大？

艾歇尔：影响肯定有，比如唱片店少了很多，纽约再也没有"Tower"唱片了。可是只要你有执着的音乐理念，是不存在危机的。对我来说是没有危机的，我依然有想法，我还能动，我的听觉比任何时候都要敏锐——我刚去过一所大学，每半年他们会给我测试一下听觉平衡。市场低迷是其次，首要的是你要有足够的饥饿感，找来崭新的东西。爵士音乐家奥奈特·科尔曼（Ornett Coleman）早在20 世纪 60 年代就说过了——他很会说："一切都会往前走的。"他是对的。

张璐诗：你如何看待爵士乐的未来？很多人对这个问题已经担忧多年。

艾歇尔：肯定会有大量新的爵士乐手不断涌现，这毫无疑问。但愿他们能找到自己的声音，别每个人听上去都像来自过去，希望他们能有独创性。

张璐诗：斯堪的纳维亚的爵士乐这些年的独创性十分突出。

艾歇尔：没错，但可别忘了那是我 40 年来不断进出北欧、挖掘乐手的结果。40 年前的挪威还不存在爵士乐队呢。波兰也有许多很有才华的爵士音乐家，从 20 世纪 70 年代起他们已经是水平很高的乐手。我相信中国也有很多好乐手，只是还没人看到，需要有人将他们带入爵士乐的大格局中去。我们交换思想，从彼此的文化中学习，我相信那是艺术的摇篮。

张璐诗：ECM 为"简约派"作曲家师史蒂夫·莱克发表了《为 18 位乐手写的音乐》(*Music for 18 Musicians*)。你担心录音室制作的成功抢过音乐本身的风头吗？

艾歇尔：我想首先是音乐家自己有想法，在走近麦克风之前，先用这些理念去帮助音乐成形。音乐家有了理念，我们去帮助他们实现，技术需要去为艺术理念服务，绝对别让技术先行于艺术理念。音乐制作永远是一项团队合作，双方没有了谁都不行。有了好的音乐，需要有好的录音工程师去帮助传递给听众。我会说，音乐的言之有物肯定跟好的制作有关。

张璐诗：ECM 的新系列，从中世纪音乐到当代音乐的记谱音乐都有，甚至基思·贾勒特也会去弹肖斯塔科维奇。而 ECM 一向以"非学院派"的声音为特色，录制古典曲目，算不算是一种回归呢？

艾歇尔：我 6 岁的时候母亲送给我一把小提琴，我那时很喜欢听舒伯特的四重奏。14 岁时我开始学贝斯，后来也玩爵士乐。所以对我来说，音乐就是音乐，不存在分类。唯一的分类，是我要在录制记谱音乐的 4 天时间里完全投入到单纯的记谱音乐氛围中；过些天我要录制即兴音乐时，则要忘掉别的音乐。每一种音乐我都需要投入百分百的真诚，并且完全聚精会神地和乐手们在一起。至于基思·贾勒特录肖斯塔科维奇，是因为我们都看到了基思对肖斯塔科维奇的独到诠释，而实际上他弹的老肖比许多所谓的古典钢琴演奏家都要好——这可不光是我说的，连肖斯塔科维奇协会的专家也这么说过。而基思并非住在古典世界里，他已建造起了自己的世界。他无论弹什么类型的音乐，都百分百地坦诚和自我，你完全可以说那是"基思·贾勒特的音乐"。

张璐诗：有可能请他到中国来弹琴吗？

艾歇尔：我想和他一起去中国，现在我知道原来中国有很多喜欢 ECM 的听众。我只在 20 世纪 60 年代末跟联合国儿童基金会的人去过北京，之后没再去过，所以也没怎么接触过中国的音乐家。

图书在版编目（CIP）数据

风·落·之·光：ECM 唱片的视觉语言 ／（挪）拉斯·
缪勒编著；张璐诗译. -- 北京：北京联合出版公司，
2022.12
ISBN 978-7-5596-6276-7

Ⅰ．①风… Ⅱ．①拉… ②张… Ⅲ．①唱片－封面－
设计－世界－ 1969-2010 Ⅳ．① TS881

中国版本图书馆 CIP 数据核字（2022）第 110726 号

Windfall Light: The Visual Language of ECM
Edited by Lars Müller
Copyright: © 2010 Lars Müller Publishers, ECM, the artists and authors
Simplified Chinese edition copyright: © 2022 Pan Press
All rights reserved.

北京市版权局著作权合同登记号：01-2022-3628

风·落·之·光：ECM 唱片的视觉语言

作　　者：[挪威] 拉斯·缪勒
译　　者：张璐诗
出 品 人：赵红仕
策　　划：乐府文化
责任编辑：龚　将
责任印制：耿云龙
特约编辑：张天宁　刘美慧
营销编辑：云　子　帅　子
装帧设计：孙晓曦

北京联合出版公司出版
（北京市西城区德外大街 83 号楼 9 层　100088）
北京联合天畅文化传播公司发行
北京启航东方印刷有限公司印刷　新华书店经销
304 千字　787 毫米 ×1092 毫米　1/16　28.75 印张
2022 年 12 月第 1 版　　2022 年 12 月第 1 次印刷
ISBN 978-7-5596-6276-7
定价：298.00 元